人工智能技术应用丛书

AI绘画进阶指南

Midjourney从新手到大师

小布 ● 著

机械工业出版社
CHINA MACHINE PRESS

本书是为AI绘画爱好者精心编写的手册，旨在为读者提供全面的AI绘画教程。本书分为三篇。首先，基础篇介绍AI绘画的核心知识、关键概念及其发展历史，并讲解Midjourney的基本命令与参数使用。其次，在基础操作篇中，我们将详解如何在Midjourney上利用基本提示词和参数创作出简单主题的AI艺术作品。最后，进阶操作篇深入探讨AI绘画的高级技巧与商业应用，展现其商业价值，并探讨如何通过AI绘画开展副业，实现财富增值。

本书内容由浅入深，适用于不同层次的读者。无论是AI绘画初学者，还是希望提升专业技能的行业从业人员，抑或是渴望在AI绘画领域淘金的创业者，都能从本书中获得宝贵的知识与灵感。

图书在版编目（CIP）数据

AI绘画进阶指南：Midjourney从新手到大师 / 小布著. -- 北京：机械工业出版社，2024. 8. -- (人工智能技术应用丛书). -- ISBN 978-7-111-75998-0

Ⅰ. TP391.413

中国国家版本馆CIP数据核字第20241ZX227号

机械工业出版社（北京市百万庄大街22号　邮政编码100037）

策划编辑：梁　伟　　　　责任编辑：梁　伟　　韩　飞

责任校对：龚思文　　李　杉　　责任印制：李　昂

河北宝昌佳彩印刷有限公司印刷

2024年9月第1版第1次印刷

184mm×260mm·16.5印张·283千字

标准书号：ISBN 978-7-111-75998-0

定价：119.00元

电话服务

客服电话：010-88361066

010-88379833

010-68326294

网络服务

机 工 官 网：www.cmpbook.com

机 工 官 博：weibo.com/cmp1952

金 书 网：www.golden-book.com

机工教育服务网：www.cmpedu.com

自序

在 AI 绘画的世界，我如同一位探险者，一路上目睹了许多令人叹为观止的景象。本书便是我在这趟奇妙旅程中的所思所感，以及我所积累的宝贵知识。我希望通过分享这些体会，激励并带领更多的爱好者一同踏入这个充满未知与惊喜的新领域。

我初次接触 AI 绘画时，那种前所未有的震撼是难以言喻的。它不仅神奇，更蕴含着无尽的可能性，让我这个从未手绘过的人也能创作出令人赞叹的作品。然而，要精通这项新颖且发展迅猛的技术绝非易事。在学习过程中，我遇到了重重困难。尽管网络上有众多教程和指南，但它们往往零散、过时或缺乏细节，导致我难以重现那些精美的画面，我的绘画旅程因此屡遭挫折。

同时，还有一些人宣称"AI 绘画无所不能，是超级生产力和工业设计的未来"，但他们实际上只是在推销自己的课程。我曾购买过这样的课程，发现所谓的"商业应用"不过是生成一些相关主题的图像，却大言不惭地宣称这是"工业设计""商业产品"，实在是夸大其词。

由于这些经历，我萌生了一个想法：是否可以将我在探索 AI 绘画时积累的经验和技巧，总结成一套连贯、系统的教程，以便让更多的人学习并体验 AI 绘画的迷人之处？行动胜于雄辩，我随即创建了公众号，不断分享 AI 绘画的知识和教程。最终，我也因缘际会得到了出版书籍的机会。

这本书的初衷是降低 AI 绘画的入门难度，使更多的人能够接触并使用这项工具，以便在生活和工作中受益。我期望这本书成为读者在新领域探索的良师益友，给予他们继续前进的动力和勇气。

编写这本书是一段充满挑战与喜悦的旅程。起初，我只是在网络上免费分享图文教程，后来有机会参与讲授课程，最终被邀请整理成书。我将所掌握的知识体系化、系统化地呈现出来，希望能回馈给更多的读者。由于缺乏写作经验，每个章节的编写都是一次不小的挑战。幸运的是，在大家的帮助和支持下，这本书终于得以呈现在读者面前。由于时间和经验的限制，本书难免存在疏漏，敬请谅解。若有任何问题，请反馈至邮箱 a647@qq.com，我将不胜感激，并会尽快改正。

我希望通过这本书，读者不仅能掌握 AI 绘画的精髓，还能点燃对艺术的热情与创作的渴望。在未来，无论文字、图画、音乐还是视频，AI 的深入融合都将成为常态。届时，每个人都能创作出精美的作品，内容创作的方式也将经历巨大的革新。但是，即使在那样的时代，能触动人心、流芳百世的艺术作品依然稀有，因为人类的思想、审美和想象力是永远无法被取代的宝藏。

我坚信，AI 将开启艺术设计与表达的新篇章。随着技术的进步，我们将目睹更多创意的诞生和边界的突破。我期盼读者通过学习和掌握本书提供的知识与技巧，不仅充实生活，还能在工作中提效增益，甚至用 AI 工具创作出能够改变世界的艺术作品。

在此，我要向所有支持我完成这本书的人表示深深的感谢，特别是我的家人，他们的支持与鼓励是我不懈努力的源泉；感谢编辑和出版团队，他们的专业建议让本书内容更趋完善；也感谢翻开这本书的您，愿我的经验和见解能为您的艺术探索之旅添加助力。

现在，请随我一同踏入 AI 绘画的奇幻之旅，让我们在 Midjourney 的引领下，一起成长为艺术大师。

小布

前言

在数字时代，艺术与技术的结合已成为我们生活的一部分。AI 绘画正处于这种结合的前沿，它引领了一场创新的浪潮。本书正是在这样的大背景下编写的，目的是为对 AI 绘画充满好奇的读者提供启发和阅读指南。

本书的阅读指南如下。

基础篇（第 1～3 章）：第 1 章深入浅出地讲解 AI 绘画的原理和技术，并探讨相关争议。第 2 章指导你注册并使用 Midjourney，绘制第一幅作品。第 3 章详细介绍 Midjourney 的命令和参数。

基础操作篇（第 4～7 章）：介绍如何使用 Midjourney 的提示词和简单指令来制作头像、海报、Logo、摄影作品、插画和壁纸等常见图像。

进阶操作篇（第 8～12 章）：介绍 AI 绘画的高级技巧，并展示在绘本制作、工业设计、游戏设计和电商设计等领域综合运用这些技巧的案例。此外，还分享了利用 AI 绘画开展副业的方法。

在阅读过程中，请记住以下两个提示。

1. AI 绘画生成的图像具有随机性，即使使用相同的提示词和参数，每次生成的图像也可能不同。特别是当提示词较长、包含多个画面元素时，差异尤为明显。要想得到理想的图像，可能需要进行多次尝试，或者调整提示词与参数。本书中的样例仅供参考，实际操作时，生成的结果可能与样例有所不同。建议读者耐心尝试，并适当调整细节，以获得最佳效果。

2. 在 AI 绘画这个迅猛发展的领域里，软件界面、操作风格、提示词的书写，乃至初步的图像效果，都可能随着时间的流逝而发生变化。但读者不用担心，本书的撰写秉承的是“授人以渔”而非“授人以鱼”的理念，不仅仅列举提示词，更注重讲解 AI 绘画的操作思维，希望读者把握图像生成的核心原理，以不变的方法应对万变的情况，从而更加得心应手地使用 AI。

AI 的时代已经到来，但请记住 AI 并非令人畏惧的存在，它不会取代我们，相反，它如同聪明绝顶、潜力无限的助手，等待我们去发掘和利用。在使用 AI

时，关键不在于比拼 AI 的强弱，而在于我们是否能成为一个出色的 AI 领导者，引领它创造更大的价值。本书的目的就是探讨如何做好 AI 的领导者，释放它的潜能，为我们的生活和事业带来更多的可能性。

现在，让我们携手并进，揭开 AI 绘画的神秘面纱，步入这个令人心动的 AI 新纪元，共赴这场艺术与科技交融的盛宴！

目录

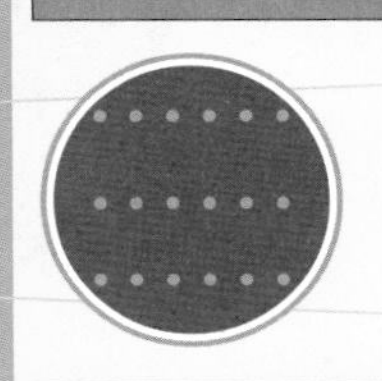

基础篇

本篇旨在为读者上手 AI 绘画奠定基础。

第 1 章介绍 AI 绘画的发展脉络、工作原理以及围绕其展开的热点讨论。读完本章，读者将能够从更高的层次审视 AI 绘画技术，领略其全貌，并深刻理解其核心价值及未来趋势。

第 2 章介绍如何注册和订阅 Midjourney，带读者一步步绘制出第一幅 AI 画作。通过实践，读者将亲身体验从理论到创作的转变，感受 AI 绘画的魅力。

第 3 章介绍 Midjourney 的功能参数和操作命令，并构建一个易于查询和应用的工具库，使读者能够快速掌握每项功能的具体用途，并在未来的创作过程中灵活运用。

在探索 AI 绘画的奥秘后，读者不仅能够创作出个性化的艺术作品，还能深刻把握其实质和发展方向，发掘出属于自己的独特价值。而对于 Midjourney 的实践操作，读者将通过亲手绘制作品，探索通常不为人知的功能和参数，获得对 Midjourney 更为直观和深刻的理解。

第1章

初探 AI 绘画

在本章中，我们将探讨与 AI 绘画相关的一些基本问题。例如，AI 如何实现绘图？其背后的原理是什么？它是怎样从一无所知进化到能够创作出令人赞叹的作品的？我们还会介绍几种主流的 AI 绘画工具和平台，并提供选择建议。此外，我们会对 AI 绘画与传统绘画进行比较，并解析其版权问题：AI 作品能否商用？如何避免侵权？ AI 绘画有朝一日是否会取代人类艺术家？最后，我们还会介绍 AI 绘画在现实世界的应用情况和潜力。

这些问题构成了 AI 绘画的理论和实践基础。理解这些问题，有助于读者在实际使用 AI 绘画时，从更高的层面进行思考，甚至开发出更先进、效果更佳的技巧。

然而，本章涉及的多数内容较为抽象，特别是原理和历史方面，对于没有绘画或编程背景的读者可能稍显晦涩。如果觉得难以理解，不妨先跳至第 2 章继续阅读。在能够创作出精美作品后，再回头阅读本章，相信会更加易于理解，也能获得更深的洞见和感悟。

1.1 AI 绘画的原理

目前主流的 AI 绘画工具大多基于 Diffusion Model。以广受欢迎且开源的 Stable Diffusion 为例，本节将阐释 AI 绘画从文本到图像（Text to Image）的转换原理，参见图 1.1。

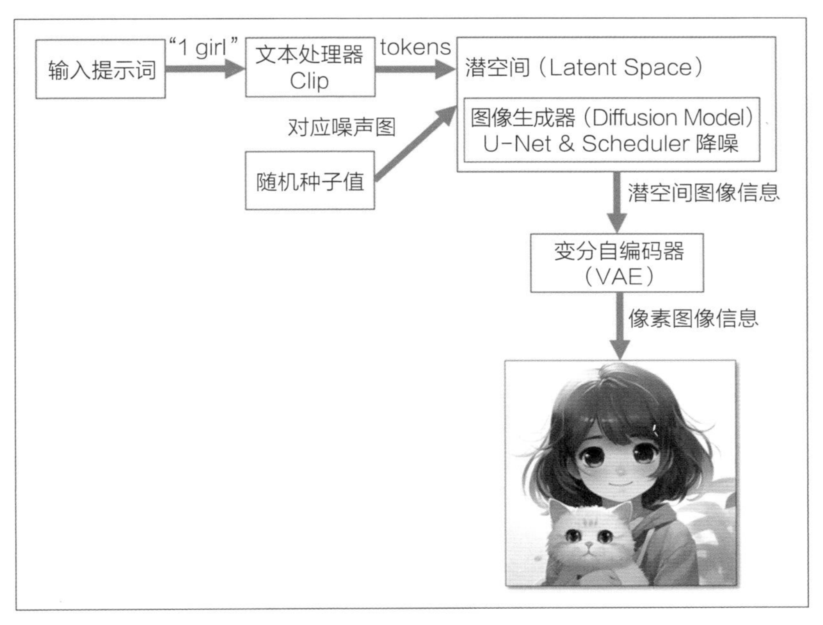

图 1.1　AI 绘画生成原理示意

操作上，AI 绘画看似只有 3 个环节：① 输入文字和指令；② 处理和理解输入；③生成并输出图像。实际上却内有乾坤，下面我们详细介绍从文字输入到图像输出的关键处理步骤[㊀]：

步骤 1：输入提示词（Prompt）。

步骤 2：AI 系统接收提示词后，开始分词并进行语义识别，以确定输入词语对应的图像元素。

这一步涉及 Clip 模型的应用，这是一个集成了海量“文本 – 图像”对照组的强大自然语言处理模型。正是得益于这一模型，AI 能够理解我们在绘画时输入的提示词，识别出我们的需求。

步骤 3：提示词在 Clip 模型的处理下，将转化为机器可解读的指令，这个过程称为“令牌化”（Tokenize）。接着，这些指令会被送入潜空间（Latent Space），在那里，通过 Diffusion Model 的 U-Net 结构和 Scheduler 算法，将含有噪声的图像转化为清晰的图片。

步骤 4：由于图像是在潜空间中生成的，所以最初是计算机专用的格式。为

㊀ 为了提高本书的可读性，我们没有采用数学模型和公式进行阐述，并且尽量减少了专业术语的使用。虽然这样做在一定程度上影响了表达的精确度，但我们希望本书的内容对大众更加友好。如果读者对某些概念感兴趣，请通过本书的参考文献获得更详尽的解释。

了让人类也能识别这些图像，需要将其转换为像素格式。这一转换工作是通过 VAE 模型完成的，它将潜空间中的数据转换为人类可识别的图像并展示出来。

经过这些步骤，一幅 AI 绘制的图像就诞生了。

1.2 AI 绘画的发展历史

1.2.1 AI 绘画的萌芽期

AI 绘画虽然在最近几年才变得流行，但其实它已经悄然发展了数十年。许多人可能不知道，AI 绘画的起源可以追溯到 20 世纪 70 年代，当时艺术家哈罗德·科恩（Harold Cohen）创造了世界上首个由计算机程序控制，能够自主绘制艺术作品的机器人（机械臂）AARON，如图 1.2 所示。

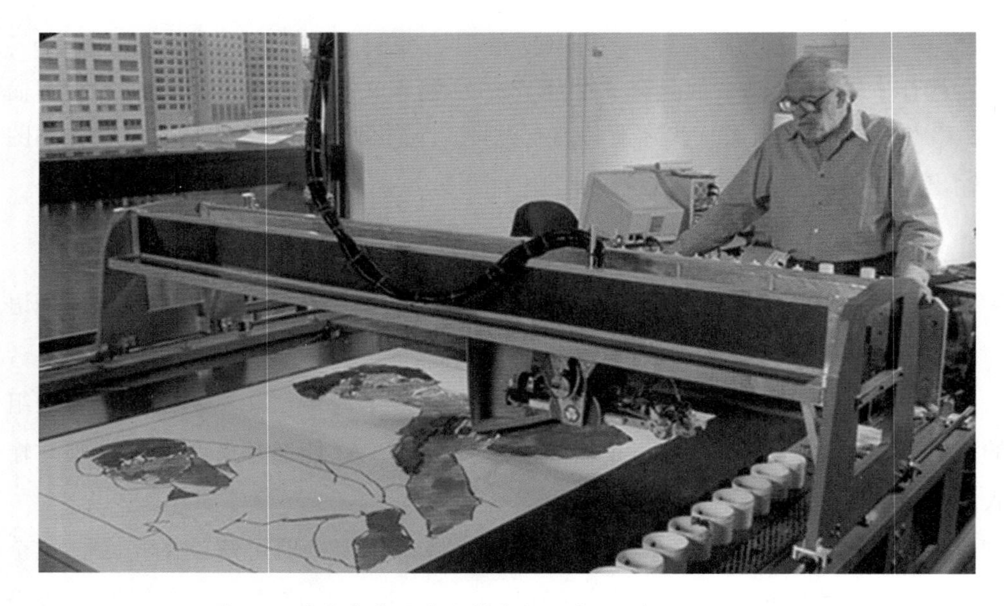

图 1.2 艺术家哈罗德·科恩和他的绘画机器人 AARON

由于 AARON 的程序代码未公开，我们至今不清楚这个绘画机器人的具体工作原理：它是采用类似于人工智能的算法来创作图画，还是类似于打印机，依照预设程序执行图像绘制呢？无论如何，AARON 作为首个能够独立创作并生成有意义图像的系统，无疑迈出了机器绘画的重要一步。

1.2.2　AI 绘画的探索期

2011 年，当时还在谷歌公司的吴恩达、谷歌技术专家 Jeff Dean 等人发表了一篇开创性的论文。在这项研究中，他们动用了 16 000 个 CPU，并耗时三天，让机器通过无监督学习显著提高了对猫脸和人脸的识别能力。这一实验证明，只要拥有强大的计算资源并进行精确的程序设计，机器就能够迅速理解无标签数据，而不需要人工干预。这与以往依赖人工标注数据的低效、高成本方法形成了鲜明对比。此项实验极大地促进了计算机对图像理解能力的研究，为 AI 绘画奠定了理论基础。

2013 年，变分自编码器（VAE）模型由 Diederik P. Kingma 和 Max Welling 提出。VAE 通过一个精巧的编解码过程，能够将庞大的数据集简化为更小的、包含核心信息的潜在变量（Latent Variable），这个技术大幅提高了数据压缩和特征抽取的效率，为图像的重建和进一步学习奠定了基础。

紧接着在 2014 年 6 月，另一个革命性的模型——生成式对抗网络（GAN）诞生。GAN 由两个神经网络组成：一个是生成器（Model G, Generator），它的任务是创造逼真的图像；另一个是鉴别器（Model D, Discriminator），它的任务是辨别图像是由 AI 创造还是由人类制作的。这两个模型在相互竞争中进化，使得 AI 在图像生成方面的能力得到了显著提升。该技术很快成为图像生成研究领域的主流技术。

到了 2015 年，谷歌公司推出并开源了一款名为 Deep Dream 的 AI 绘画程序，它基于卷积神经网络（CNN）技术。Deep Dream 被公认为现代 AI 绘画应用的开山之作。尽管当时 AI 绘制的图像还处于初级阶段，更像奇怪的图像滤镜，但其展示了 AI 在图像创作领域的初步探索和潜力。

同样是 2015 年，有学者提出了一种新颖的想法：通过向模型中添加噪声来学习图像内容，然后逆向操作——去除噪声——以还原图像。这一理念催生了扩散模型（Diffusion Model）的诞生。相较于生成式对抗网络（GAN）所产生的图像，扩散模型创作出来的图像具有更为精细的质感。然而，由于生成速度缓慢且计算成本高昂，扩散模型并未立即成为主流。数年后，这种算法经改进在性能上超越了 GAN，成为 AI 绘图工具中的新宠，但这已经是另一段故事了。

2017 年，Meta 公司（当时还是 Facebook）推出了基于 GAN 的创新模型——创造性对抗网络（CAN）。与早期的 GAN 模型相比，CAN 在模仿人类艺术作品的风格时更富有创造性。正如图 1.3 所示，CAN 模型能够创作出具有独特风格的艺术作品。尽管在艺术性评分上，CAN 模型的作品还不能与人类大师的作品相提并论，它也不擅长创作写实或具象的绘画，但它无疑将基于 GAN 框架的 AI 绘画理论与实践推进了一大步。

图 1.3 CAN 模型创作的作品（来自关于 CAN 模型的论文）

基于生成式对抗网络（GAN）的模型在近几年得到了快速发展，除了之前提到的 CAN，还出现了 BigGAN、StyleGAN、VQ-GAN 等多种模型。然而，由于 GAN 框架的特性，模型训练过程中可能会遇到稳定性问题，导致出现生成质量不佳或者过于接近真实的照片的现象。这一挑战限制了 GAN 在更广泛领域的应用。

2020 年，伯克利大学的 Jonathan Ho 等研究人员提出了去噪扩散概率模型（DDPM）。这项技术通过研究在加入噪声的过程中图像特征的变化，并利用逆向算法去除噪声，从而实现高质量图像的生成。DDPM 在简化数据处理和提高模型稳定性方面取得了显著成效，生成的图片质量不仅不逊色于 GAN，其可用性和创新能力也得到了显著提升。得益于这些进步，AI 绘画技术加速发展。

2021 年 1 月，OpenAI 发布了具有 120 亿个参数的 AI 绘画应用 DALL · E。用户只需输入文字描述，DALL · E 即可生成相应的图像。OpenAI 同时开源了其中的关键模型 Clip。简而言之，Clip 是一个文图匹配模型，它通过约 4 亿对的

“文本 – 图像”数据[㊀]的学习，使得计算机能够理解自然语言并生成相应的图像元素，让文字转化为图像成为现实。图 1.4 所示为 DALL · E 生成的图像示例。

图 1.4　DALL · E 创作的龙和长颈鹿的结合体图像

2021 年 10 月，Disco Diffusion 首次亮相，引领了基于扩散模型（Diffusion Model）的文字生成图像（Text to Image）应用的新潮流。该应用擅长创作场景与抽象画作，如图 1.5 所示。然而，它在细节表现上稍显不足，尤其是在描绘人物和具体物体方面。

㊀ 这里指图像对应文本的组合，比如“猫”对应猫的特征图像为一对，“狗”对应狗的特征图像为一对。许许多多对这样的类似组合，共同组成了这个模型。

图 1.5 Disco Diffusion 作品

到了 2022 年 2 月，Midjourney 推出了其 V1 版本的 AI 绘画模型，并在 7 月升级至 V3 版本，同时开启公测。这款模型以其多样的图像风格、丰富的细节和鲜明的色彩吸引了科技和艺术界的目光。它创作的作品《太空歌剧院》(见图 1.6) 在美国科罗拉多州的艺术博览会上荣获头奖，引发了关于 AI 绘画与传统艺术创作界限的讨论，并使 AI 绘画为更多人所知。

图 1.6 Midjourney 创作的《太空歌剧院》

1.2.3　AI绘画的爆发期

2021年12月，Stable Diffusion对外发布并开源了其技术。这一同样基于扩散模型的技术支持更多的家用级显卡，大幅降低了硬件要求。因此，普通消费者也能在自家计算机上运行AI绘画模型，AI绘画的用户群和相关应用随之迅速壮大。

2022年10月，Novel AI推出了AI绘画功能，其生成的动漫图像不仅完成度高，而且具有浓郁的日式漫画风格，如图1.7所示。这一功能迅速吸引了众多年轻人，仅上线10天这些年轻人便创作了超过3000万张图片。AI绘画的受众逐渐从科技和艺术领域的小圈子扩展到广大热爱二次元文化的年轻人。

图1.7　Novel AI作品

在同一月份，百度公司推出了名为文心一格的AI绘画应用，它标志着中文图像生成模型的开端。紧接着，国内开发的无界、6Pen等AI绘画工具也相继问世。

从2023年开始，AI绘画行业经历了一场翻天覆地的变革，国内外涌现出数量繁多的相关产品。有人甚至感叹，个人的学习速度已经赶不上技术的进步步伐。这一领域展现出了百花齐放、百家争鸣的局面。

1.3 AI 绘画主流平台及工具

随着 AI 技术的跨越式发展，我们见证了各式各样的 AI 绘画工具的诞生，如 Stable Diffusion、Midjourney、DALL·E 等，此外还有 Adobe Firefly、Novel AI、Imagen、Dream by Wombo、Fooocus 等。

考虑到篇幅限制，本节我们仅介绍几款市场上主流且用户基数庞大的工具。

1.3.1 Midjourney

Midjourney 由位于美国加州旧金山的开发团队打造，在 2022 年 2 月推出初版，2022 年 7 月推出了经过改良的第 3 版并开始公测。

Midjourney 目前并未推出独立 APP，主要通过 Discord 平台以及 Midjourney 网业版操作。用户无须进行复杂的部署，只需打开网页即可创作，极大降低了使用门槛。

Midjourney 发布之初为用户提供了每日的免费生成限额，任何人都能在 Discord 上用 Midjourney 创作画作。但从 2023 年第二季度开始，受算力成本上涨和部分用户创作政治人物画像引发争议的影响，所有用户都需订阅付费服务才能使用。最低套餐每月 10 美元（约 70 多元人民币），即可开通 Midjourney 的 AI 绘图服务。

Midjourney 的绘画风格多样，细节丰富，完成度高，非常适用于初学者。即使是没有经验的新手，也能轻松创作出精美的作品，因此赢得了用户的广泛喜爱。

此外，Midjourney 模型提供了丰富的参数设置，熟练掌握提示词技巧和参数调整方法，用户可以创作出极具专业水准的图像，因而也吸引了许多商业和艺术领域的专业人士来使用。

1.3.2 Stable Diffusion

Stable Diffusion 是由 Stability AI 与 Runaway 团队合作推出并开源的 AI 绘画模型，它特别优化了对消费级显卡的支持，使得在 Nvidia 的 12GB 显卡[1]上仅需数十秒即可创作出 512×512 分辨率的精美图像。开源特性促进了围绕 Stable Diffusion 的生态系统迅速壮大。

---

[1] 起初，一些先进的 AI 绘画工具要求用户的计算机至少拥有 12GB 的显存才能流畅运行。然而，随着技术的不断进步和模型算法的迭代优化，现在拥有 4GB 显存的计算机就能轻松应对，大幅降低了爱好者的入门门槛。

考虑到该模型缺少易用的应用界面，社区迅速响应，推出了如 Stable Diffusion WebUI（2022 年 11 月）和 Comfy UI（2023 年 3 月）等工具，极大简化了用户的操作。

在模型微调方面，由于初始的大模型调整较为复杂，如 Dreambooth（2022 年 8 月）和 LoRA（2022 年 12 月）等工具应运而生。LoRA 最初用于大型语言模型，后被引入扩散模型，成为微调工具的重要组成部分，极大简化了生成特定人物、物体和风格图像的过程。

2022 年 11 月，以 Stable Diffusion 为基础的著名社区 C 站（Civitai.com）上线，它提供了丰富的绘画基础模型（Checkpoint）、LoRA 微调模型和 Embeddings 等优化工具，成为 AI 绘画爱好者的交流与分享平台。

在控制生成图像的结构和空间布局方面，斯坦福大学学生张吕敏（Lvmin Zhang）在 2023 年 2 月推出了 ControlNet。该工具利用 Canny 边缘图、Depth 深度图等方法，甚至结合 Openpose 来控制人物姿态，显著提升了 Stable Diffusion 的控制力，更适用于专业画师等专业用户。

总的来说，Stable Diffusion 作为开源项目，不仅催生了众多扩展功能和工具，还成为许多 AI 应用的底层技术，催生了如 Novel AI（2022 年底）和妙鸭相机（2023 年下半年）等多种 AI 绘图和场景应用。

由于 Stable Diffusion 是开源的，我们可以免费使用它（不同于 Midjourney 的至少每月 10 美元费用），只需确保个人计算机具备基本的算力（如 4GB 显存以上）。然而，由于需要在本地部署，对硬件算力有一定要求，并需安装特定插件（如 Control Net），相较于 Midjourney，它的上手门槛较高，对初学者来说，生成高质量图片的难度可能会更大。

一旦跨过了门槛，可以发现，借助于 Control net 和 LoRA 这样的先进工具以及丰富的 Stable Diffusion 生态，像拥有一个强大的助手一样，能够极大地提升工作效率。

1.3.3　DALL · E

DALL · E 是由 OpenAI 团队在 2021 年推出的一款创新的 AI 绘画工具。这款工具内置了开源的 Clip 模型，使 AI 能够理解自然语言与图像之间的关系，进而推动了图像生成技术的进步。DALL · E 的作品令人印象深刻。

2022 年 4 月，OpenAI 发布了 DALL · E 的升级版 DALL · E 2，它能够根据文本描述生成原创且逼真的图像和艺术作品。紧接着，2023 年 10 月，DALL · E 3

问世，并集成到了 OpenAI 的另一大成就——ChatGPT 多模态模型中。得益于 ChatGPT 庞大的用户群，DALL · E 3 迅速引起了广泛的关注和使用。用户不仅可以免费生成高质量的图像（这些图像在质感上与 Midjourney 生成的图像非常接近），还能利用 ChatGPT 来辅助撰写提示词，甚至可用自然语言优化和迭代图像，获得了不少用户的喜爱。

1.4 AI 绘画的优点和缺点

与传统的手工绘画相比，AI 绘画具有其独特的优点和缺点。

1.4.1 优点

1. 生成速度快

AI 绘画可以在几秒到几分钟内完成一幅画作，而同等质量的手绘作品可能需要一天到一周甚至更长的时间。

2. 成本低

AI 绘画的主要成本在于计算机硬件，尤其是显卡。即便是市面上顶级的显卡，例如 Nvidia RTX 4090，其价格大约在 1 万元到 2 万元，按 24 个月折旧，每月的成本也不到 1000 元。而使用像 Midjourney 这样的服务，甚至可以不需要硬件投入，每月仅需 10 美元。相较之下，聘请专业画师或设计师的费用要高得多，因此 AI 绘画能大幅降低人力成本。

3. 无限改稿

在设计领域，尤其是涉及创意的绘图工作，经常需要多次改稿。对于普通画师而言，超过三次的修改可能会降低合作意愿，即使非常有耐心的人也难免在十次以上的修改后感到不悦。然而，AI 绘画技术的出现彻底改变了这一局面。它可以无限次地修改，从不"抱怨"，绝不会出现消极怠工的情况。

4. 迭代升级快

AI 绘画，作为生成式人工智能（AIGC）的一个关键分支，在过去两年中经历了突飞猛进的发展。2023 年，AI 绘画有了质的飞跃，从最初的低质量输出演变为细节丰富且极具精致感的作品。控制能力也从最初的弱可控性，提升到强可控性（如 ControlNet 技术），技术的进步日新月异，许多过去的难题逐步得到解决，功能和可能性不断扩展。

1.4.2 缺点

1. 情感表达

有观点认为，AI 绘画缺乏情感的表达，仿佛没有灵魂。它仅仅是一条生产线，依靠预设的算法和模型，批量制作画面。即使作品再精美，也缺乏艺术家独有的风格和思想深度，因此很难触动观者内心深处的情感。

2. 精确控制

目前，AI 绘画在实现精确控制方面仍面临挑战。控制作品的方法主要依赖于提示词（Prompt）、垫图和 ControlNet 等技术。例如，要画一个侧躺在沙发上的女孩是容易的，但如果要将画面中的人物指定为特定模特，姿势固定为“躺 / 坐 / 站 / 靠”，并且沙发来自特定品牌系列，以生成一组统一风格但角度各异的精致商业照片，则难度大增。在处理多人物（三人或以上）、复杂空间关系，以及指定每个角色的站位、服装和动作时，AI 绘画的输出显得力不从心。

3. 版权问题[1]

当前，AI 绘画作品的版权保护尚处于法律框架的空白区域。这意味着，将 AI 绘画应用于商业用途，如动漫或游戏创作，可能引发侵权纠纷，且在面对盗版时缺乏有效的法律支持。

4. 三维事物理解

AI 绘画在再现三维世界时遇到了难题，特别是在处理光影效果、绘制手指和空间透视上。例如，人物投影的方向和形状可能不符合实际光线；手指数量经常错误，有时甚至会变成不规则的形状；人物的身体和脚的位置关系处理不当，看起来就像被桌子困住了。这些挑战源于 AI 目前仅能从二维角度去解读物体，并尝试复制，它还不能完全理解由于观察角度和遮挡所引起的物体形态变化，只能尽力去模仿最可能的情形，这也是 AI 绘制手指时错误频发的原因。

---

[1] 关于 AI 绘画相关的版权问题，我们会在 1.5 节中进行更详细的说明及讨论。

以上是 AI 绘画在当前阶段容易遭遇的问题，随着技术的进步，我们有理由相信这些问题将逐渐得到解决。

1.5 AI 绘画的版权问题

1.5.1 版权争议类型

在 AI 绘画的发展历程中，版权一直是核心关注点。人们对于 AI 生成的艺术品的性质提出质疑：它们能否被认定为“艺术作品”？这些作品是不是仅对训练集中的原始画作进行了“复制”或“元素重组”？是否构成了对原作版权的侵犯？

此外，使用 AI 绘画工具创作的艺术品，其版权应归属于输入提示词的用户还是 AI 算法的开发者呢？如果我们借助 AI 创作作品并进行商业化使用，我们是否有权申请版权，以获得法律保护？

目前，关于 AI 绘画的版权争议主要集中在以下三个问题上：AI 训练材料的版权争议、AI 绘画作品的版权归属，以及 AI 绘画作品是否有资格获得版权保护。

1.5.2 AI 训练材料的版权争议

AI 绘画模型学习的过程涉及分析海量数据，这些数据经常包括众多艺术创作者（如画家、摄影师和设计师）的作品。然而，这些作品的使用并不总是得到了每位原创者的明确授权，这引起了部分人的不满和反对，他们不希望自己创作的作品被用作 AI 的学习材料。随着 AI 绘画技术的进步，绘画变得越来越容易，使得市面上充斥着价格低廉的艺术作品。这种现象对传统画师和艺术家的收入造成了冲击。知名画师左比小野表达了他的担忧：“创意是无价之宝，版权存在的意义就是为了鼓励和保护这种创造力。但 AI 绘画似乎忽视了艺术家的辛勤劳动。如果你用别人投入数万小时创作的作品作为跳板，短短几秒就完成一幅画，这不仅仅是 AI 的功劳，而是建立在无数艺术家的心血之上的。”

为了捍卫权益，许多画师在社交媒体上表达了自己的立场，抗议 AI 的这种做法。他们在自己的作品中加入显著的水印和噪点。有的艺术家甚至诉诸法律。例如，在美国，已有艺术家集体对 Stability AI（Stable Diffusion 开发公司）、DeviantArt 和 Midjourney 提起诉讼[1]。尽管 AI 版权的法律界定目前尚未明朗，相

[1] 此案件的起诉书及相关情况介绍请参见 https://stablediffusionlitigation.com/。

关的维权案例仍在审理中，但我们有理由相信，随着时间的推移，相关的法律法规将会逐渐明确，争议也将逐步减少。

1.5.3 AI绘画作品的版权归属

关于AI绘画作品的版权归属问题，主要取决于用户与平台之间的协议和规定。

1. Midjourney

以Midjourney平台为例，其用户协议的“版权和商标”部分明确指出：“在适用法律允许的最大范围内，您对使用服务创作的所有资产拥有所有权。”[一]但这不适用于免费用户，以及年收入超过100万美元且未购买Pro服务的企业用户，还有仅使用Midjourney放大他人版权作品的情况。同时，用户在创作时也自动授予Midjourney作品的使用权。

这意味着，Midjourney认为，在法律允许的范围内，付费的个人用户有权主张他们通过Midjourney生成的绘画作品的版权，并进行维护。

2. DALL·E

再看DALL·E，其官方网站上有这样一段说明：“在您和OpenAI之间，在适用法律允许的范围内，您保留对输入内容和输出内容的所有权。我们特此将我们在输出中的所有权利、署名权和收益（如果有）转让给您。”[二]这段话的本意是，OpenAI允许用户在合法范围内对输入和输出内容享有完整的所有权。换句话说，OpenAI将其在输出图像中的所有潜在权益转让给用户，用户可以自由地将这些图像用于商业目的，并在必要时保护自己的版权。

3. Stable Diffusion

Stable Diffusion在Readme文件的版权规定部分提到：“除非本协议另有说明，许可方不对您使用模型生成的输出主张任何权利。您应对生成的输出及其后续使用负责。任何对输出的使用都不得违反许可证中的规定。”[三]这说明Stable Diffusion虽然由其团队开发，但是对用户生成的图像内容不保留任何权利。用

[一] 参见https://docs.Midjourney.com/docs/terms-of-service。

[二] 参见https://openai.com/policies/terms-of-use。

[三] 参见https://github.com/CompVis/stable-diffusion/blob/main/LICENSE。

户拥有自己作品的所有权，并承担使用过程中可能产生的侵权责任。

通过以上内容我们可以明白，在使用 AI 绘画应用创建图像时，只要遵守基本条件（如成为会员、不制作违法内容等），版权通常属于创作者。不过，具体的版权归属和使用规则还需要参照每个应用的用户协议或版权声明。

1.5.4 AI 绘画作品是否有资格获得版权保护

在之前的探讨中，我们得知大多数 AI 绘画应用都默认允许用户进行个人使用，甚至商业化用途，但这通常伴随着一定条件。然而，当涉及 AI 绘画用户生成作品的版权保护和主张时，现行法律法规尚处于模糊状态，难以给出明确的界定。

目前，AI 版权法律正在不断发展之中，各国和地区的法律规定也存在差异，国际上还没有统一的法律框架来明确 AI 作品的版权归属。

在美国，版权法主要保护人类创作者的作品。美国版权局明确表示，不为“无人类作者的机器或自然过程创造的作品”注册版权。这意味着，AI 生成的艺术作品可能不满足版权保护的条件。例如，AI 画作《太空歌剧院》的创作者 Jason M. Allen 在申请版权时，遭到美国版权局的多次驳回。

在中国，《中华人民共和国著作权法》和相关规定仅承认自然人创作的作品，不包括 AI 创作的作品。2023 年下半年颁布的《生成式人工智能服务管理暂行办法》虽然规定了训练数据的合法性要求，却未对 AI 创作的作品版权做出具体规定。

版权登记是版权保护的关键一环。一般情况下，人工创作的作品可以通过线上审查获得版权登记。但对于 AI 软件生成的图像，如今还无法完成这一程序。这意味着，我们利用 AI 工具创作的作品及其衍生商品，其版权暂时还无法获得法律的认可与保护。

1.6 AI 绘画能替代画师[㊀]吗

关于 AI 绘画是否能替代画师，这个问题并不是非黑即白，不能简单地以“能”或“不能”来回答。我们需要根据不同的情况进行具体分析，例如对中低端画师、绘画艺术学习者、艺术家等不同群体的影响是不相同的。

㊀ 这里的“画师”，泛指主要从事平面画作类工作的职业，例如设计师、原画师、画家、艺术家等。

1.6.1　AI 绘画可能对中低端画师的职业产生威胁

如果我们将画师的技艺水平划分为高、中、低三个档次，那么处于中档或更低层次的画师可能面临较大的挑战。AI 绘画能在短短几秒到几分钟内完成创作，其模仿与学习不同绘画风格和技巧的能力极为出色，自我进化的速度也极快。

特别是从事重复性较高、创意要求不太严格、容易标准化的绘画或设计工作，比如广告、插图、肖像画等，画师和 AI 的竞争将非常激烈。

为了不被 AI 取代，画师可以学习并掌握 AI 绘画工具，运用“化敌为友，为我所用”的策略，将个人才能与 AI 的高效性结合起来，以此提升创作效率和作品的市场竞争力。或者，画师可以通过提升自己的综合能力，转型为承担更多角色的管理者或协调者，这样不仅能增加个人价值，也能减少被 AI 替代的风险。

1.6.2　艺术学习者的彷徨

一些读者提出疑问：“自己多年的绘画学习，似乎不敌 AI 绘画近两年的迅猛发展，AI 作品的水平甚至超越了多年的努力，我们应该如何面对？”当涉及艺术和理想时，我的答案是：不要轻易放弃。拿起你的画笔，继续在艺术的长卷上添上属于你的色彩。

艺术的真谛在于，人类的情感和灵魂与这个世界的深情对话。在时代的洪流中，唯有艺术家心中涌动的真挚情感，才能触动人心。AI 或许能够制作出技术上完美的画作，但它无法复制那些源于生活体验的深刻感悟和创作过程中的个人情感。此外，绘画不仅仅是技巧的培养，它还涉及对美的感知、对生活的洞察力和对人性的理解——无论何时这些都是你的宝贵财富。

不要让冷冰冰的机器动摇你的价值观。真正的艺术家是用心灵去感知这个世界的，这份能力永远不会被时代淘汰，也不会被取代。

从现实的角度来看，谈及收入和职业发展，建议不要放弃绘画，但也应拓宽视野，不局限于传统绘画。未来，取代一般画师的，不是 AI 本身，而是那些掌握了 AI 绘画工具的同行。如果你能精通 AI 绘画，就能在未来的职业竞争中保持领先，甚至赢得先机。

1.6.3　AI 绘画无法真正取代画师

对于画师这一职业，AI 的崛起并不意味着他们将被完全取代或消失。正如照相机的问世并未导致画师失业一样，AI 技术同样不会取代画师。

从技术的角度来讲，利用 AI 绘画技术能够迅速生成大量的图像，这些图像在技术层面上可能与人类艺术家的创作相媲美，甚至能够模仿某些特定的艺术风格。AI 在设计、娱乐、广告和其他视觉内容密集型的领域里，已经成为一个极具价值的辅助工具。

然而，艺术的本质远超技术的展示，它融合了创作者的情感和创意思考。艺术家的作品通常映射了他们的思考、感受、世界观和个人经历，这些元素是 AI 在当前的技术发展阶段难以复刻的。艺术家在创作过程中的深思熟虑，以及他们作品背后的故事和深意，都是 AI 所不具备的。

从社会文化的角度来看，艺术价值往往体现在创作者的思想和对时代的映照上。人们欣赏艺术作品，很大程度上是因为作品能够触动内心，或者因为它们代表了特定的文化认同和历史。而 AI 创作的作品目前还难以与观众建立这样深层的情感连接。

综合以上观点，尽管 AI 绘画在一定程度上可以辅助艺术创作甚至提升艺术创作水平，但是要完全取代人类画师及其独有的创造力，目前看来还不可能。毕竟，画师不仅是创作图像，更是搭建起作者与观众之间情感交流的桥梁，这是 AI 目前所无法实现的。

1.7　AI 绘画在设计领域的应用

AI 绘画技术正广泛应用于设计领域，它不仅极大提高了设计师的工作效率，而且拓宽了创意的可能性。现在，我们来探索 AI 绘画在设计领域的几种应用方式。

1.7.1　概念设计

概念设计是设计团队明确项目的视觉风格、情感调性和故事要素的环节。通过 AI 绘画工具，设计师可以根据文本或草图迅速生成细致的图像，这样他们能迅速尝试多样化的设计思路。此外，AI 的灵活性使得模仿各种艺术风格成为可能，无论是古典还是现代，无论是印象派还是超现实主义，概念设计师都能轻松地将一个概念转化为多种视觉形式。

在项目的视觉方向尚未确定时，AI 绘画工具的快速、多样化概念图生成能力，为设计师提供了丰富的灵感和创意来源，正如图 1.8 所展示的那样。

图 1.8　利用 AI 绘画进行概念场景设计（来源：AWS Team）

1.7.2　产品设计

产品设计领域同样受益于 AI 技术。设计师可以利用 AI 快速出具多种设计方案，迭代各种概念，这适用于家具、日用品、消费电子产品的外观设计等，如图 1.9 所示。

图 1.9　使用 AI 绘画进行“猫抓板”概念沙发设计

1.7.3　时尚服装设计

AI 绘画还能助力时尚设计师在纺织品和服装上创作出复杂图案，甚至预测时尚趋势。2023 年 4 月，Maison Meta 主办的首届 AI 时装周就是这一技术应用的佳例，第二届 AI 时装周（AIFW #2）评选目前也在火热进行中。

除了时装周这类新潮活动，AI 时装设计也已经实现了商业化。现在市面上常见的商品包括 AI 生成图案的衬衫和定制手机壳，这些商品在网上随处可见，感兴趣的读者可以在购物平台上搜索，甚至定制独一无二的图案。

AI 设计的服装也已经进入市场。例如，36Kr 媒体集团的员工利用 AI 工具开设了淘宝店，店内所有服装均由 AI 设计，已成功售出超过百件裙子。

1.7.4 建筑与室内设计

建筑师和室内设计师现在可以借助 AI 生成的图像激发设计灵感，或者利用这些图像迅速呈现建筑概念与室内布局的初步方案，如图 1.10 所示。

图 1.10 室内设计草图和 AI 绘画生成的不同风格效果图

1.7.5 用户界面设计

在界面设计方面，AI 技术使图标、按钮和其他视觉组件的创作变得更加高效。它不仅能够仿造多种风格，还能够模拟出不同的布局，如图 1.11 所示。

图 1.11　AI 绘画的一些界面布局和元素设计

1.7.6　插画设计

插画设计也正在经历一场 AI 绘画技术的革命。如今，这项技术已经成为众多设计师和插画师创作流程的重要组成部分。AI 工具能根据给定的提示词或简单描述，迅速生成插画草图，从而激发设计师的创意火花。通过 AI，设计师能够轻松尝试多种风格和色彩搭配，快速锁定符合项目需求的设计方向，如图 1.12 所示。

图 1.12　AI 插画样例（来源：杯杯 MUG）

在紧迫的项目中，AI 的填色作用大放异彩，它能够显著节省设计师的时间。对于系列性的插画作品，AI 更是能够学习现有样式，并协助完成整套作品，特别适用于那些需要统一风格的插画项目，能够大幅提升工作效率。

1.7.7 动画与游戏设计

在游戏设计领域，AI 绘画技术正加速概念艺术的生成过程，助力设计师快速确定游戏的视觉风格。利用 AI，设计师能够创作出多样化的角色原型和生物，丰富游戏世界的角色和物种的多样性。在场景和纹理制作上，AI 减少了手工绘制的需求，尤其在创建重复元素和复杂材质时，提升了效率。

1.7.8 电商设计

AI 绘画技术也在电商领域快速发展，这项新兴技术帮助设计师提升了效率、降低了成本，并在设计上不断创新。基于文本描述，AI 可以自动生成产品图像，加速营销和社交媒体素材的创作过程。

此外，AI 在设计用户界面元素上的应用也日益广泛，背景图、按钮、图标等元素的制作变得轻而易举。对于多样化的营销活动设计和产品包装图案，AI 同样能够提供快速而有效的解决方案。在商品展示图、模特图、促销横幅、落地页元素设计、背景设计等方面，AI 绘画大显身手，展现了其在多个场景的强大潜力。

1.7.9 其他

在广告市场营销、个性化定制礼品、教育资源、版权合规和图书出版设计等众多领域，AI 绘画及其相关技术的应用越来越广泛。可以说，AI 绘画正逐渐重塑着设计行业的各个方面。

尽管 AI 绘画的发展对设计行业带来了不小的影响和挑战，甚至对某些从业者的职业生涯构成威胁，但我们应正视这一发展趋势，不必将 AI 视为竞争对手，反而应将其作为有力的工具，去驯服、利用并优化它的使用，这样我们才能真正发挥 AI 的潜能，创造更大的价值。

1.8 为什么选择 Midjourney

在前文中我们已经介绍了当前 AI 绘画工具的三大佼佼者：Midjourney、

Stable Diffusion 和 DALL · E。面对这三个工具，我们应如何抉择呢？

如果有充裕的时间，理想的做法是全面了解并学习这三种工具，找到最适合自己的那一个。然而，对于大多数人来说，需要一个明确的方向。本书推荐的首选工具是 Midjourney。

那么，为何特别推荐 Midjourney 呢？

1.8.1 简单方便

与 Stable Diffusion 相比，Midjourney 的主要优势在于其用户友好性。它不需要高端显卡，也不要求用户有深入的编程知识或复杂的环境配置。这一特点使 Midjourney 成为一个易于接触的工具，特别适用于那些缺乏编程背景或高性能硬件支持的用户。无论是在通勤的路上还是在家中计算机前，只需访问一个网页，输入简单的指令，Midjourney 便能立刻提供绘图服务。

这种即开即用的体验极大地简化了 AI 绘画的入门过程，为更多人打开了艺术创作的大门。即使是初学者，也能通过 Midjourney 轻松创建细节丰富且美观的图像。操作过程简洁明了，不需要额外插件或学习复杂的功能模块，即便是计算机新手也能快速上手。

1.8.2 学习成本低

Midjourney 提供了详尽的官方文档，明确指导了主要参数的使用。相比之下，Stable Diffusion 和 DALL · E 只能依靠非官方的教程，这些指南时效性和系统性不足，质量也参差不齐。在 Midjourney 的 Discord 社区中，用户可以分享自己的提示词和成果，公共频道上的展示让我们可以轻松地参考他人的创作，学习和理解提示词的运用，以及作品的迭代过程。

1.8.3 可借鉴的丰富社区内容

在 Discord 社区的 Midjourney 绘画频道中，爱好者分享各自的创意提示词与相应的作品图。在这里，我们不仅能轻松地借鉴他人的灵感，还能通过观察他们的提示词与作品之间的迭代变化，洞察到创作的微妙技巧。不限于 Discord，Midjourney 的官方网站也设有画廊，汇聚了众多高质量的艺术品。复制这些作品的详细提示词，包括它们的参数设置，让我们掌握 Midjourney 的精髓变得触手可及。

1.8.4 强大的模型

与同类产品相比，Midjourney 的 AI 绘画模型展现出了其独特的优势：它能更轻松地创作出细节丰富、清晰度高、具有浓厚艺术气息的图像。这一特性尤其符合绘画初学者的需求，因为它能够将最简单的描述词汇，如同魔法一般转化成令人赞叹的视觉艺术作品。

Midjourney 采用网络在线交互的方式，这意味着其背后的模型能够持续迭代，既提高了内容的质量，也保障了用户体验的不断提升。通过筛选掉不受欢迎或质量较差的输出，Midjourney 实现了与时俱进，及时把握艺术潮流和用户需求，不断创作出受欢迎的作品。

1.9 本章小结

在本章中，我们深入探讨了与 AI 绘画相关的诸多问题，目的是为读者提供一个全面的视角，让读者了解 AI 艺术，并在将来更有效地利用 AI 绘画实现创作目标。

首先，我们介绍了 AI 绘画的基本原理，然后逐步讲解了其发展历史，包括早期的萌芽期、探索期，以及 2022 年后的爆发期。在过去两年中，AI 绘画的进步速度惊人，预计未来将在三维空间构建和视频领域取得新的突破。

其次，本章介绍了几种主流的 AI 绘画工具和平台，并对 AI 绘画与传统绘画进行了比较。AI 绘画的优点包括生成速度快、成本低、无限改稿和迭代升级快，而其缺点则体现在情感表达、精确控制、版权问题和三维事物理解上。

然后，本章详尽讨论了 AI 绘画目前面临的版权问题，涵盖了 AI 训练材料的版权争议、AI 绘画作品的版权归属，以及 AI 绘画作品是否有资格获得版权保护等方面。这些争议目前尚无共识，也缺乏法律上的明确界定。

此外，我们还探讨了 AI 绘画是否能替代画师的问题，帮助读者更客观地看待 AI 绘画与人工绘画的差异。

接下来，本章介绍了 AI 绘画在设计领域的应用。AI 绘画已经广泛融入人类的设计活动之中，尽管目前还不能完全替代专业设计师和软件，但在许多重复性较高、难度较低的工作中，已经显示出其强大的潜力。

最后，从多个方面介绍了为什么选择 Midjourney。

综上所述，本章旨在为读者提供 AI 绘画领域的全景概述，让读者更深入地理解 AI 绘画的本质。

第2章 上手操作 Midjourney

相信各位读者在阅读完第1章后，已经期待着开始自己的绘图之旅。本章将指导你如何使用 Midjourney 绘制你的首幅作品。在绘图之前，你需要注册 Midjourney 账号并选择相应的套餐计划。本章还将解答如何放大和保存作品，如何在私有频道绘图以及如何在不熟悉英语的情况下使用中文提示词，甚至将 Discord 平台的语言设置为中文。对于初次接触 Midjourney 和 Discord 的新手，这里将提供所有必要的基础操作指南。遵循本书的逐步指导，读者将能够顺利从传统绘画过渡到 AI 绘画。

2.1 Midjourney 的注册

要开始使用 Midjourney，你需要一个账号。如果你尚未注册，请按照以下步骤操作。

步骤1：访问官方网站。

打开 Midjourney 的官方网站 https://www.midjourney.com/，你会看到一个充满极客风格的页面，其中滚动的代码像水波纹一样流动，如图2.1所示。

步骤2：登录

假如你已经拥有 Discord[㊀]账号，并且最近通过浏览器登录过，可以直接点击

㊀ Discord：这是一款在国外广受欢迎的社交应用。目前，Midjourney 尚未开发专属应用，因此，不论是创作艺术作品还是进行互动交流，用户都需要通过 Discord 来完成。有消息指出，Midjourney 计划推出自家的应用程序，但具体上线时间未定。

页面右下角的“Join the Beta”按钮（如图 2.2 所示），加入 Midjourney 频道。

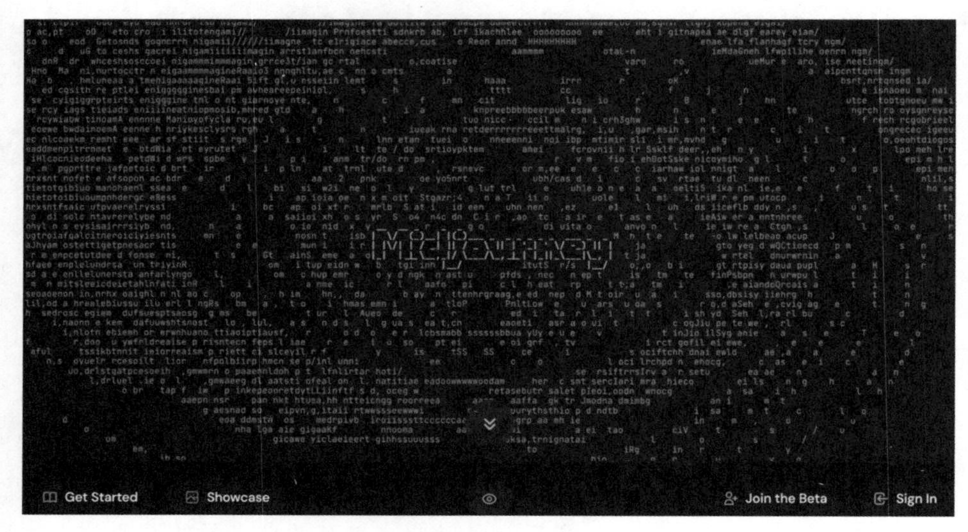

图 2.1 Midjourney 官网主页

图 2.2 左侧为“加入测试版”按钮

如果你还没有 Discord 账号，请点击“Sign In”按钮开始注册，并加入 Midjourney 的 Discord 频道。

步骤 3：注册 Discord 账号。

接下来介绍通过点击“Sign In”按钮注册账号的详细步骤：

1）鉴于国内读者可能遇到访问 Discord 时网络不稳定的情况，建议先确保网络连接的稳定性。在网络连接稳定后，点击“Sign In”按钮，你将被引导至 Discord 的登录界面（如图 2.3 所示），在页面下方点击“Register”即可开始注册。

2）跳转至注册界面（如图 2.4 所示），你需要填写邮箱地址[㊀]、名称、用户名[㊁]、密码以及生日。填写完毕后，点击“Continue”按钮继续。这时，系统可能

㊀ 您可以选择填写国内邮箱（如 QQ 邮箱、163 邮箱等）或国际邮箱（如 Gmail、Outlook 等）。建议使用国际邮箱，因为某些国内邮箱可能无法接收来自国际服务器的验证邮件。

㊁ 在设置显示名称时，可以与他人相同，如“jack”等。但请注意，用户名必须是唯一的。如果系统提示用户名已被使用，尝试添加数字后缀来创建一个独特的用户名，以便顺利完成注册。

会要求你完成人机验证，根据屏幕提示进行简单操作即可通过。之后，网页将展示 Discord 的授权页面（见图 2.5），询问你是否同意加入 Midjourney 的 Discord 频道。点击右下角的“Authorize”按钮即可完成授权。

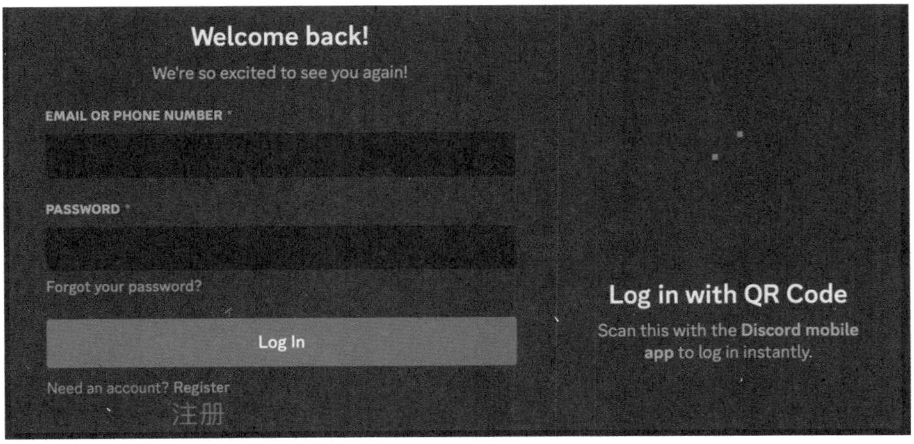

图 2.3　Discord 的登录界面

图 2.4　注册界面

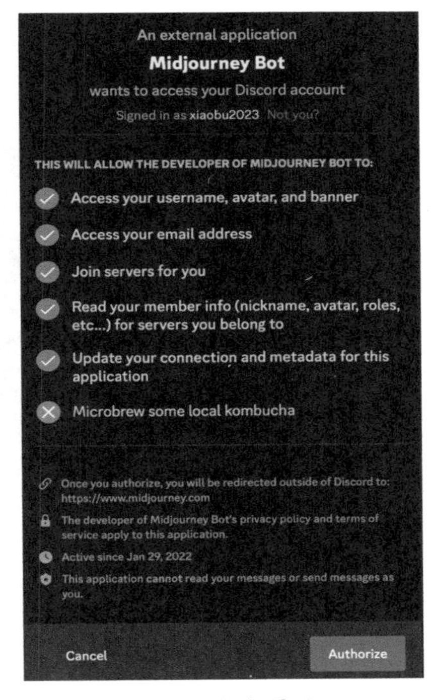

图 2.5　授权界面

3）若出现登录失败并附有“需要先验证邮箱”的提示（如图 2.6 所示），这时应前往注册时使用的邮箱，检查收件箱或垃圾邮件文件夹，寻找由 Discord 发送的验证邮件。打开邮件后，点击其中的“Verify Email”按钮（如图 2.7 所示）完成邮箱验证。

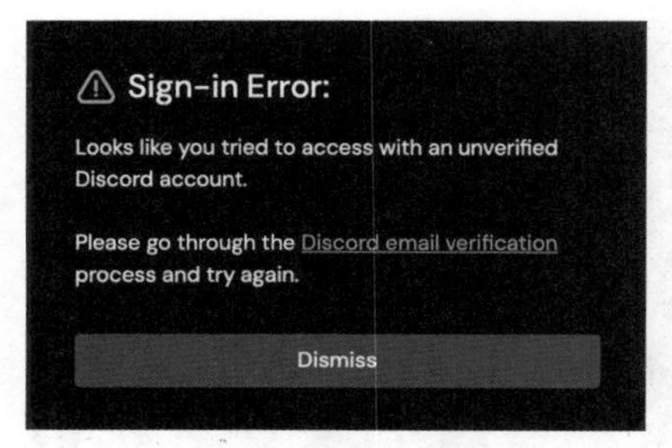

图 2.6　注册提示：需要先验证邮箱

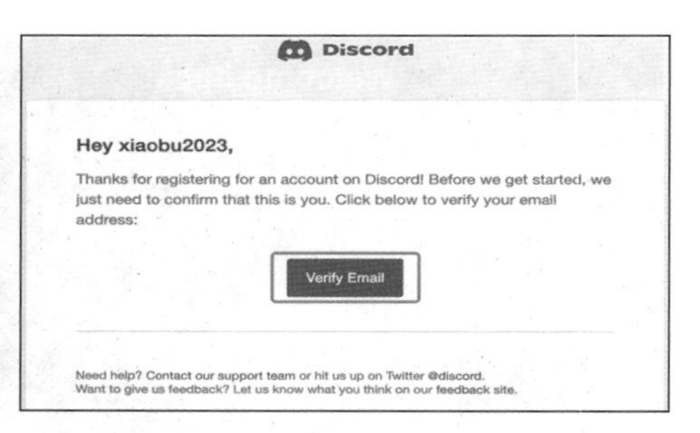

图 2.7　邮箱验证邮件示例

4）邮箱验证完成后，就可以回到 Midjourney 的首页，点击“Sign In”按钮，用你的 Discord 账号授权登录 Midjourney 网站了（如图 2.8 所示）。至此，Midjourney 的注册流程便告一段落。

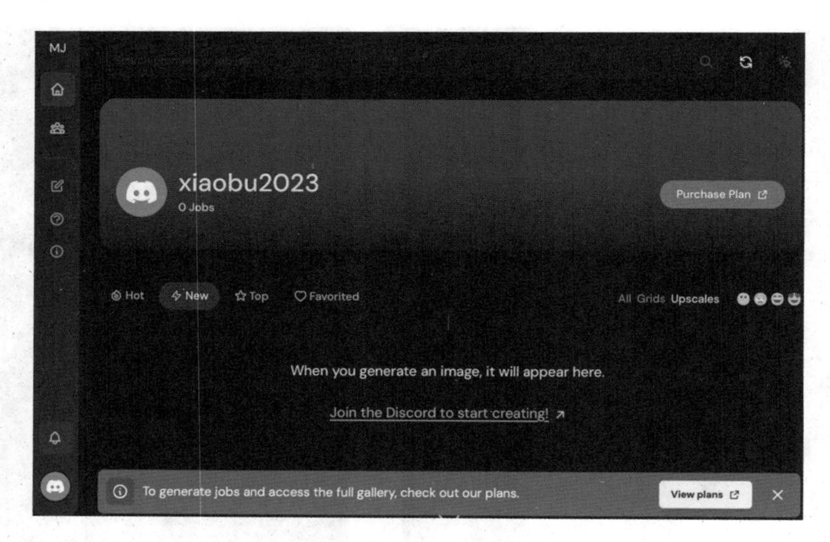

图 2.8　完成注册并登录后的 Midjourney 界面

2.2　Midjourney 的订阅和支付

完成 Midjourney 的注册后，你可能会注意到，暂时还无法开始创作绘画，只能浏览首页展示的其他用户的作品。那么，如何才能开始绘制自己的作品呢？

目前，Midjourney 的服务是需要付费订阅后才能使用的。在这一节中，我们将指导读者如何顺利完成 Midjourney 的订阅和支付过程。请按照以下步骤操作。

步骤 1：按照前文介绍的步骤，使用你的 Discord 账号登录“Midjourney.com”的首页（如图 2.8 所示）。

步骤 2：在首页右上角点击“Purchase Plan”按钮，即可进入订阅页面（如图 2.9 所示）。

图 2.9　订阅按钮

步骤 3：在订阅页面，你将看到不同的套餐选项（如图 2.10 所示）。选择合适的套餐时，如果不是经常使用 Midjourney 的用户，建议选择月度而不是年度订阅。

套餐有三种类型。

基本计划（Basic Plan）：最经济实惠，每月 10 美元，包含 200 次的图像生成服务，以及 3 小时 20 分钟[一]的优先生成时间。

标准计划（Standard Plan）：价格适中，每月 30 美元，包含无限次的图像生成服务，以及 15 小时的优先生成时间。

专业计划（Pro Plan）：最高端，每月 60 美元，包含无限次的图像生成服务，以及 30 小时的优先生成时间，特有隐身模式[二]，为商业设计提供更高的安全性。

对于偶尔使用的用户，基本计划已足够；而初学者可能会更倾向标准计划；商业公司和需要保密工作的专业用户，则应考虑专业计划。

下面以标准计划为例介绍如何订阅 Midjourney。

点击“标准计划”下方的“Subscribe”按钮（如图 2.10 所示），你将被引导至付款信息页面（如图 2.11 所示）。在此页面，请核对左侧显示的金额和右侧填写的邮箱地址是否无误。

㊀ 快速生成模式对比标准模式而言，具有更短的排队及图像生成时间，显著提高了效率。

㊁ 与默认的公开模式（Public Mode）相比，在隐身模式（Stealth Mode）下，你设计的图像不会上传至 Midjourney 网站，这一特性特别适合那些需要保护商业秘密的专业用户或公司在进行商业设计时使用。

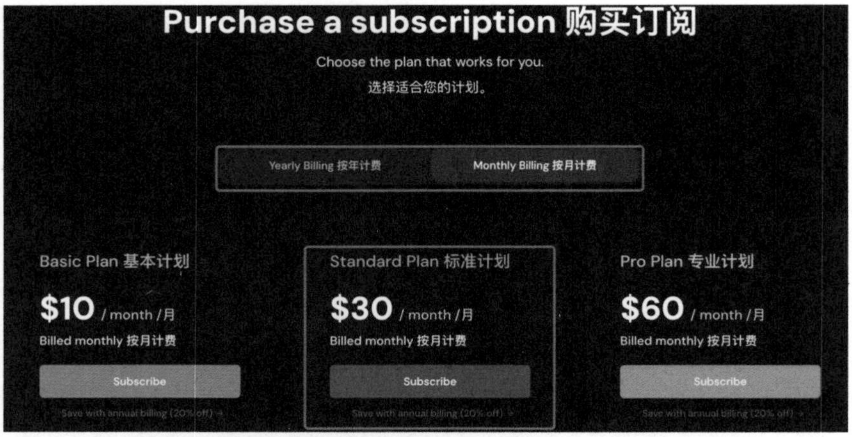

图 2.10　选择适合自己的套餐

支付方式推荐使用支付宝（Alipay）或信用卡（Card）[㊀]。国内用户使用支付宝更为方便，可自动换汇，支持人民币支付及还款。填写账单地址后，点击“Subscribe”按钮，根据支付宝的提示完成支付。

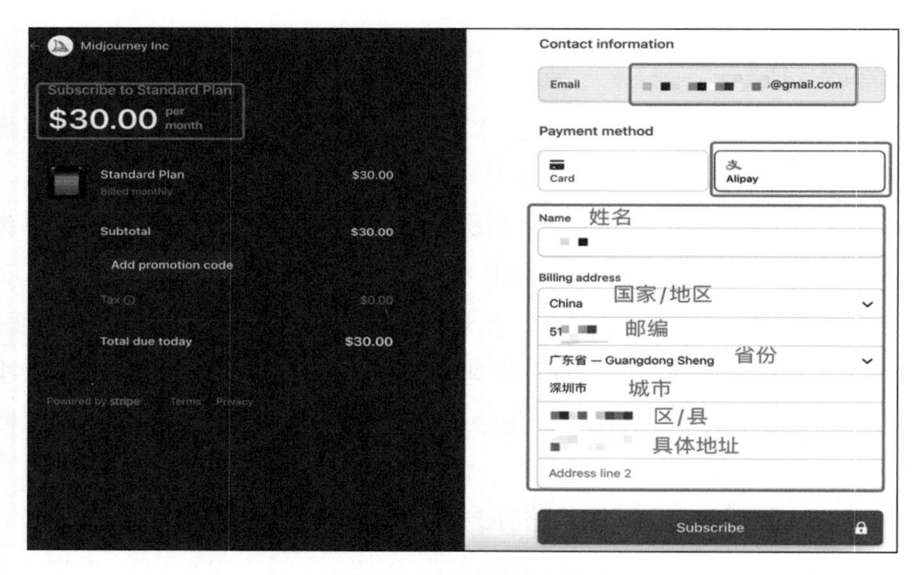

图 2.11　订阅付款信息页面

步骤 4：查看订阅套餐。

登录 Midjourney 后，在左侧菜单中点击“Manage Sub”按钮，即可进入订

㊀ 如果您打算使用信用卡，推荐选择支持 VISA 支付的国际信用卡。

阅管理界面（如图 2.12 所示）。在此，可以查看当前订阅的标准计划详情，包括优先生成时间剩余量、月费用和扣费时间等信息。

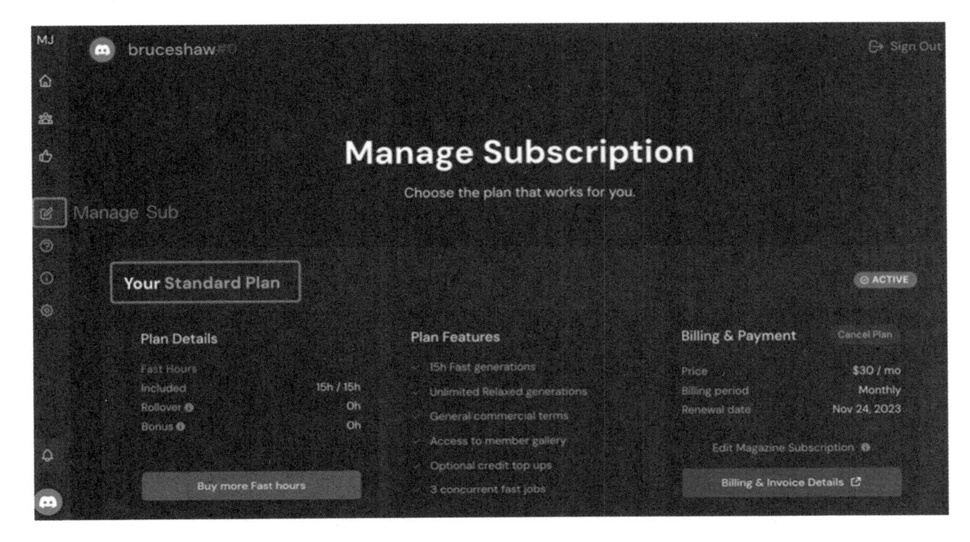

图 2.12 订阅管理界面

步骤 5：取消自动续费。

如果仅想尝试服务，不需要每月自动续费，可在订阅后立即取消。在“Billing & Payment”（账单和支付）选项中点击“Cancel Plan”（取消计划）按钮，在弹出窗口中选择“Cancel at end of subscription period”（订阅期末取消）[⊖]。如图 2.13 左图所示，再点击 Confirm Cancellation（确认取消）按钮，等待弹出“Success！”小窗（如图 2.13 右图所示），即完成了自动续费的退订。

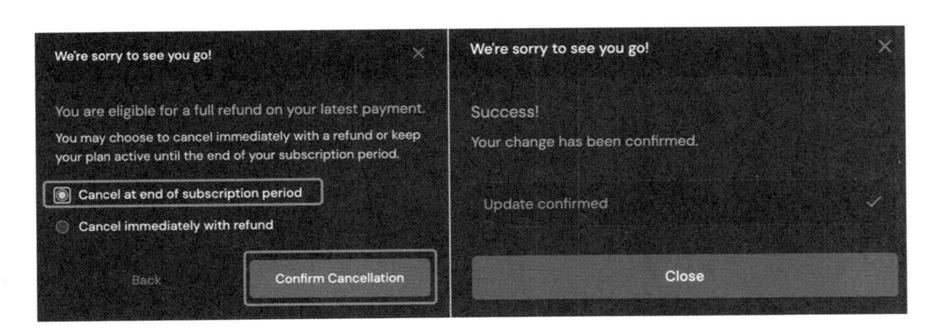

图 2.13 取消自动续费

⊖ 此时如果选择 Cancel immediately with refund 意味着你将取消订阅并立即获得退款，这将导致无法继续使用 Midjourney 的图像生成功能。鉴于此，我们不推荐采取这一操作。

2.3 使用 Midjourney 生成第一张图

完成订阅后，我们便可启动图像生成的旅程。Midjourney 官网虽然推出了网页版生成图像，但 Discord 仍然是功能最全的。因此本书主要介绍通过 Discord 平台进行的操作的方法。接下来，请按照以下步骤在 Discord 上加入 Midjourney 频道，即刻体验图像生成的魅力。

步骤 1：在 Midjourney 主页左下角，找到带紫色背景的白色游戏手柄图标[㊀]。点击该图标（如图 2.14 所示），然后点击旁边的三个小点，选择弹出窗口中的“Go to Discord”按钮。

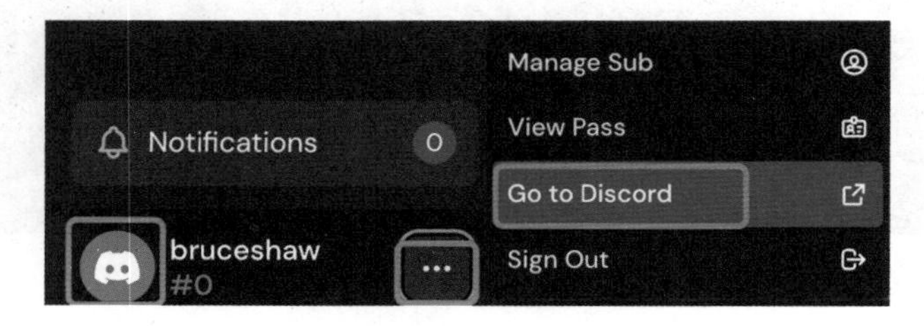

图 2.14 进入 Discord

步骤 2：页面将跳转至 Discord 的 Midjourney 频道。如果出现授权提示，请点击“授权”按钮继续。

步骤 3：进入 Discord 后，你会看到满屏的信息（如图 2.15 所示）。在最左侧找到带有帆船标志的 Midjourney 频道。然后，进入名为“newbies-xx”的子频道（“xx”代表随机数字，新加入的用户只能在新手区进行操作）。

举例来说，当你进入“newbie17”频道时，会看到右侧聊天区不断更新的图像和文字，那是其他新手用户正在生成他们喜欢的图像。

步骤 4：如何创作自己的图像作品？

在内容输入区，键入“/imagine”指令并附加“1 girl”关键词后[㊁]，按下回车键即可发起图像生成请求。系统将进入创建模式，屏幕上最初只展示刚才输入

㊀ Discord 起初作为游戏即时通信工具的平台，标志中的游戏手柄元素反映了其初衷。然而，随着 Discord 的不断发展，它的用户群体已经扩展到了游戏玩家之外。

㊁ “Imagine”中文意为“想象”，而“/imagine”是一个用于生成 AI 图像的指令。在这个指令后面，我们可以添加希望 AI 创作的内容，这称为提示词（Prompt）。例如，一个女孩（“1 girl”）或一只猫（“1 cat”），当然，也可以输入更长或更复杂的提示词。

的指令文本。紧接着，4 张轮廓尚不清晰的图像便会逐渐出现，伴随着不断增长的进度指示。当这一进度指标达到 100% 时，意味着图像已经生成完毕。

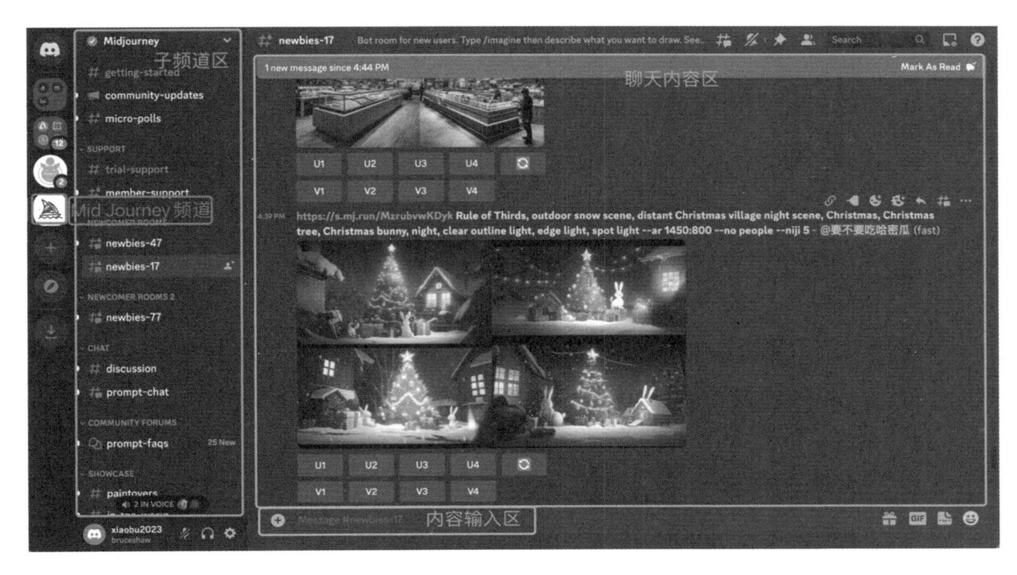

图 2.15　Discord 界面

如此，4 张风格各异、充满个性且艺术感十足的女孩图像便呈现在眼前（如图 2.16 所示）。每一张都有独特的魅力。

即使不生成人像，想要创作一只猫的图像也同样可行。操作方法是在内容输入区中键入“ /imagine 1 cat”并敲击回车键发送指令。短暂的等待之后，4 张具有不同风格且富有艺术感的猫咪图像便完成了（如图 2.17 所示）。

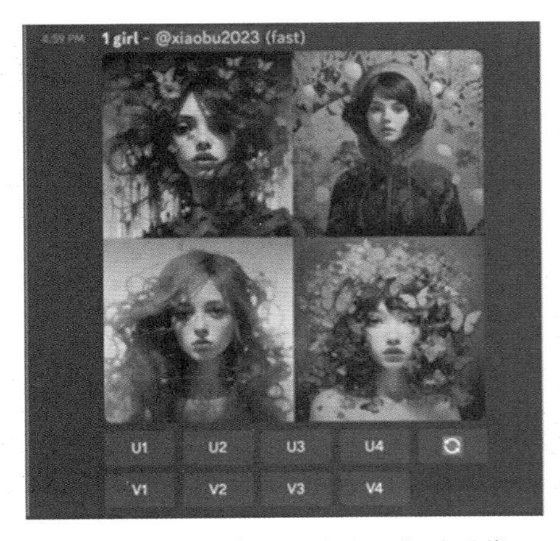

图 2.16　生成“一个女孩”的图像

图 2.17　生成“一只猫”的图像

此外，爱好者们还可以探索生成其他多种元素和主题，例如“Sky”（天空）或“Mountains”（山脉），以此来丰富体验。当然，一些读者可能会好奇：尽管这些图像精致且完成度高，但风格差异较大，还伴随着一定的随机性，如何才能掌控画面中的元素、图画风格以及图像尺寸呢？

我的建议是此时不必急于追求细节，详细的介绍将在本书的后续章节中展开。现在，让我们先暂时放下对控制的追求，享受随机性和不确定性带来的惊喜吧。

2.4 图像的基本操作

在 AI 绘图技术的帮助下，我们已经能够生成精美的图像。接下来，我们将介绍如何对这些图像进行基本的处理，包括放大、保存和微调等。

2.4.1 查看大图和保存

当我们输入指令并生成图像后，通常得到的是由 4 张小图拼接成的一张完整图像。在聊天界面中，这张合成图像以缩略图的形式展现，细节可能不够清晰。那么，怎样才能查看大图呢？

只需点击聊天界面中的缩略图，然后选择“Open in Browser”（在浏览器中打开），图像就会在新标签页中以全屏模式展开（如图 2.18 所示）。在这个页面，你可以通过点击鼠标或使用滚轮来放大图像，以便观察更多精细的细节，你还可以右键单击图片另存（如图 2.18 右图所示），将图片下载保存到本地电脑。

图 2.18 查看大图和保存

2.4.2　放大指定图像

在生成的 4 张图像中，如果我们只需要挑选并放大其中一张，例如右下角的写实风格猫咪图（如图 2.19 所示），我们可以简单地操作界面下方的按钮。具体来说，点击“U4”按钮（即“放大第 4 张图片”），系统便会单独放大该图，而不再显示其他 3 张。

放大后的猫咪图（如图 2.20 所示）可以直接在浏览器中打开，并通过右键选择“另存为”来保存。这张图的分辨率达到了 1024×1024，对于上传社交媒体而言，清晰度已经足够了。但是，如果你打算将这张图片作为桌面壁纸或者用于商业目的，可能就需要更高的分辨率。

图 2.19　放大指定图像

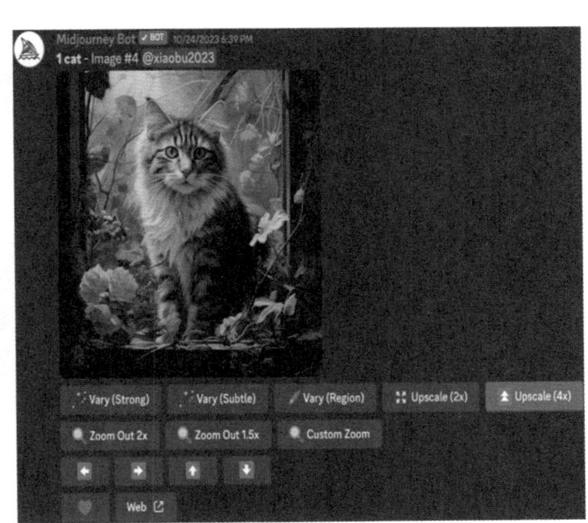

图 2.20　生成细节更丰富的图像

此时，你会发现该图下方有两个放大选项：“Upscale（2×）”和“Upscale（4×）”，分别代表放大 2 倍和 4 倍。选择适合的放大按钮，即可获得分辨率高达 4096×4096 的高清图像。同样，我们只需在浏览器中打开并保存，即可获得适合各种商业场景的高品质图片。

2.4.3　微调图像

如果你对图像的整体构图和元素基本满意，却在某些细节上需要调整时，可以利用图像生成后提供的“V1”至“V4”微调按钮进行精细调整。例如，若手指的形态出现瑕疵，或者帽子的图案需要修改，这些按钮就派上了用场。

图 2.21 展示了 4 张汉服美女的图像。假设我们对左上角的这幅图情有独钟，但不幸的是，她的右手竟有 6 根手指，这个错误违反了人类常识。于是，我们需要对此进行微调，将手部调整到自然协调的状态。

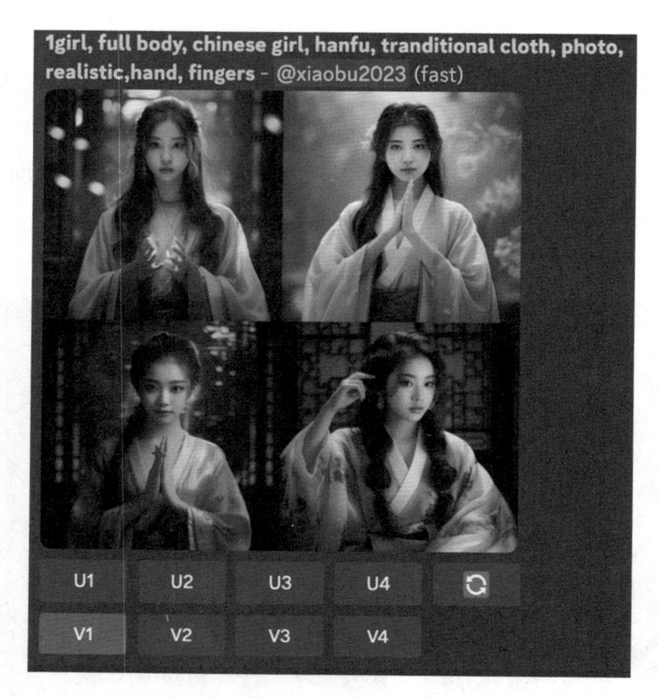

图 2.21 点击 V1，生成新的 4 张保留了原图主要元素和结构的图像

怎样进行微调操作呢？点击“V1”按钮，Midjourney 将在保留原图的总体布局和主要元素的基础上，生成一系列细节有所变化的新图片。

随后，Midjourney 生成了 4 张图（如图 2.22 所示）。尽管这些图的整体页面布局相同——都是一位素衣美女居于画面中央，背景模糊而昏暗，画风一致——但在细节上各有千秋，发型、手势、脸型和背景都略有不同。值得注意的是，2 号图（如图 2.22 右上图所示）在手部处理上尤为自然，没有出现 6 根手指的问题，之前的异常现象得到了有效的修正。

因此，当图像整体令人满意，但小细节仍需雕琢时，通过点击“V1”至“V4”按钮，我们往往能在保留画面构图和整体风格的前提下，迅速纠正那些小瑕疵。

图 2.22 重新生成的 4 张图中进一步选择和放大表现更好的图像

2.4.4 重新生成

在讲解完如何将生成的图片放大（U1-U4）和微调（V1-V4）之后，可能有读者好奇："U4"按钮右侧的"↻"按钮（如图 2.23 左图所示）有什么作用？

这个按钮可以让用户"按照原有的提示词重新生成图片"。它的便利之处在于，若当前 4 张生成的图像均不符合预期，用户无须重新输入提示词，只需点击这个按钮，系统便会根据原提示词再次生成 4 张新图（如图 2.23 右图所示）。

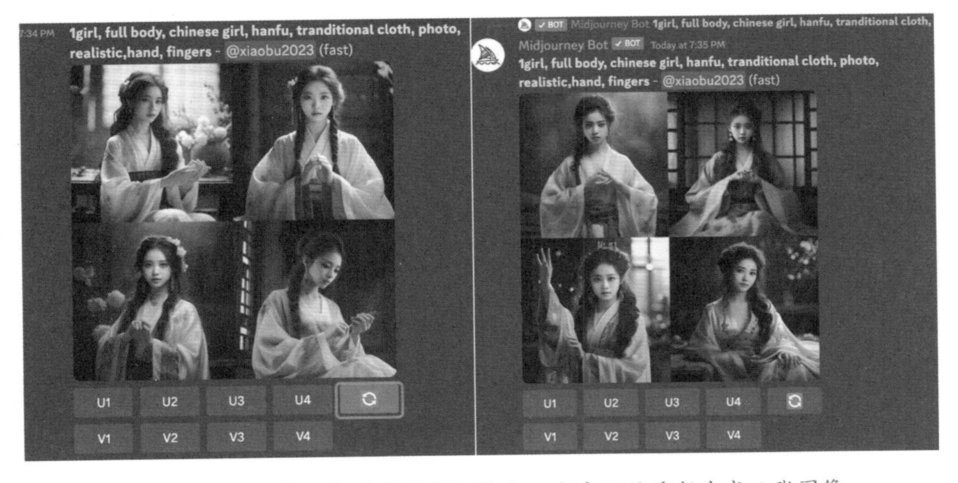

图 2.23 "按原提示词重新生成"按钮，点击之后重新生成 4 张图像

如果你对自己的提示词相当满意，但生成的图像仍未达到预期，可以尝试多

次点击“重新生成”，直至获得心仪的作品。

然而，若连续多次（如超过 5 次）操作仍未得到理想的图像，建议修改提示词而非反复点击“重新生成”，通常这样能更快获得理想的图像。

2.5 建立自己的私人绘画频道

在“newbie-xx”（新手 -xx）这样的公共频道中绘图，虽然可以欣赏并学习他人的作品及其提示词，但也存在不足。例如，聊天区的信息不断更新，我们的生成指令和图片很快就会被新消息替代，使找回自己的绘图历史记录变得困难，影响创作的连续性；同时，当涉及商业创作时，你的提示词和成果可能轻易就被他人复制。

因此，设立一个个人专属频道可以大大减少这类干扰，使页面更为清晰，帮助你专注创作。同时，相比在公共频道中绘图，这种方式在一定程度上也更能保护你的隐私[㊀]。

接下来，让我们看看如何创建一个私人绘画频道，步骤如下。

步骤 1：在 Discord 主页左侧的频道列表底部，点击加号图标新增一个频道，如图 2.24 所示。

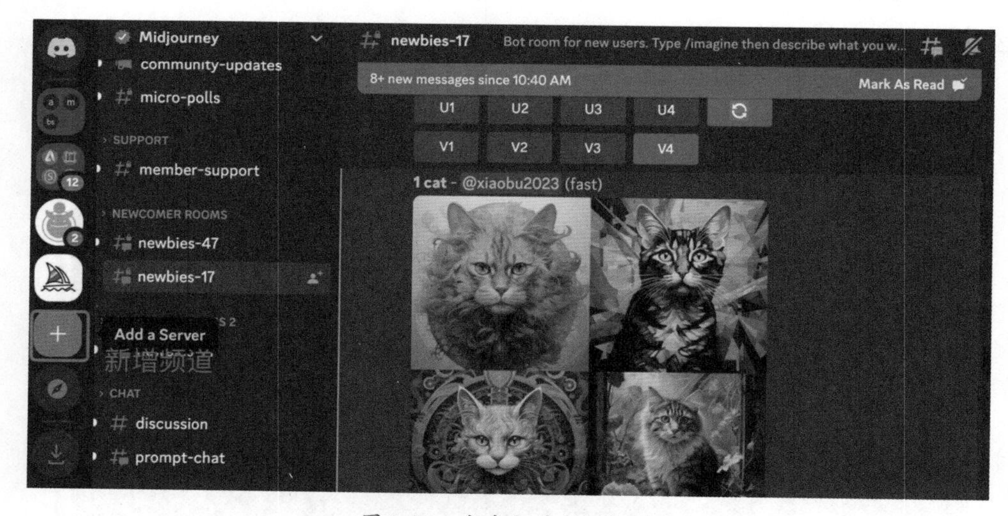

图 2.24 点击加号新增频道

㊀ 在这种创作模式下，作品并不是完全私密的。除非用户订阅了高级服务并激活了“隐身模式”，否则你精心创作的作品还是有可能展示在公开的画廊中，例如出现在 Midjourney 的“探索”或“展示”区域。相对于在公共频道分享作品，通过私人频道进行创作能在一定程度上更好地保护用户的隐私。

步骤 2：首先，点击界面上的“Create My Own”按钮，选择“For me and my friends”选项，然后为你的频道取一个名字，例如“小布的 Mid Journey 频道”。完成这些后，点击“Create”完成创建，如图 2.25 所示。

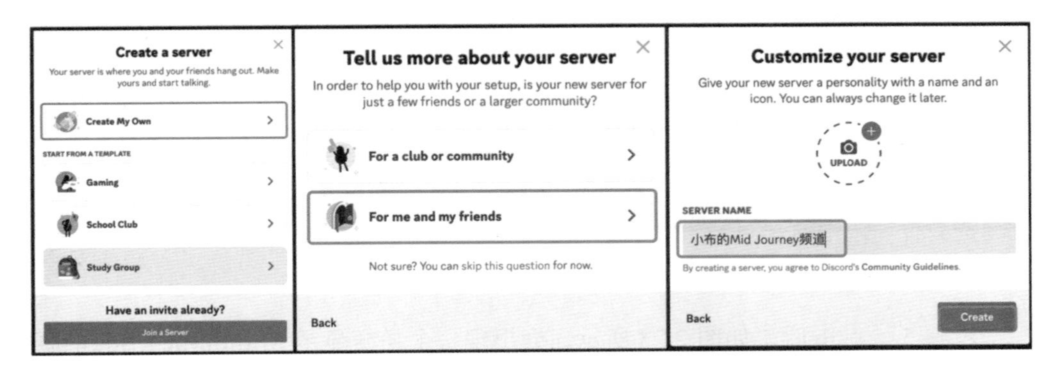

图 2.25 创建自己的频道中的设置和选择

步骤 3：创建成功，你将看到一个全新的频道页面，如图 2.26 所示。目前它还是空的，为了启用画图功能，接下来我们要邀请 Midjourney 机器人加入。

图 2.26 新频道页面

步骤 4：要邀请 Midjourney 机器人（如图 2.27 所示），先在左侧栏找到并进入任意一个新手频道，如“newbie-xx”。在该频道的聊天区域，找到并点击“Midjourney Bot”的头像。

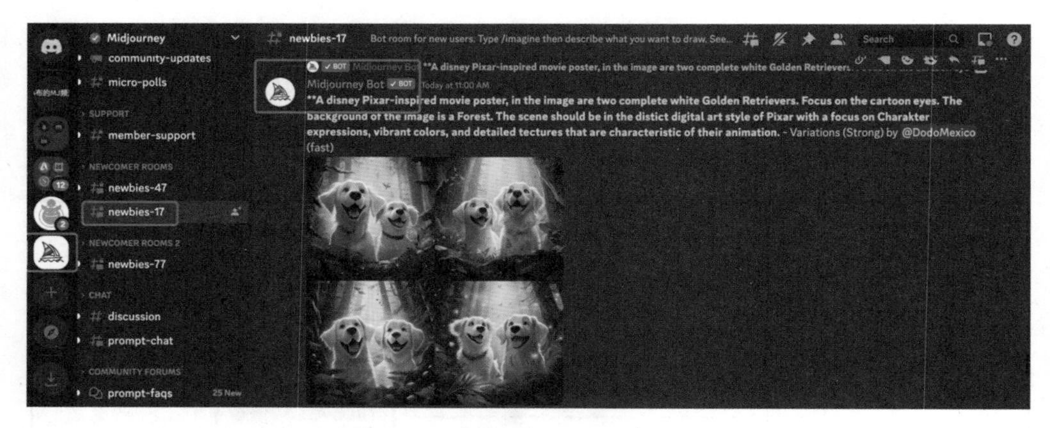

图 2.27　邀请 Midjourney 机器人

步骤 5：点击后，如图 2.28 所示，会出现一个弹窗显示 Midjourney Bot 的资料页。在这里点击“ Add to Server”，选择你刚刚创建的频道，“小布的 Mid Journey 频道”，然后点击“ Continue”继续，最后点击“Authorize”授权㊀。

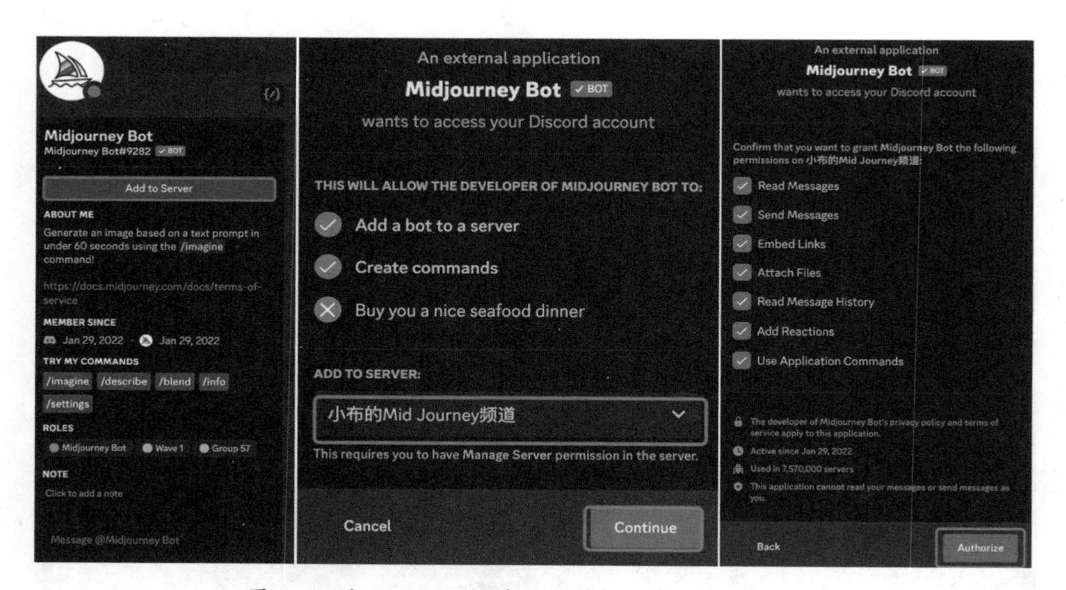

图 2.28　把 Midjourney 机器人添加至自己的频道步骤

步骤 6：授权成功后，你会在频道中看到一条来自“ Midjourney Bot”的提示信息。点击频道右上角的“成员”按钮，你也可以在成员列表中看到 Midjourney Bot 的名字，如图 2.29 所示。

㊀ 此处可能需要进行人机验证，按提示完成验证即可。

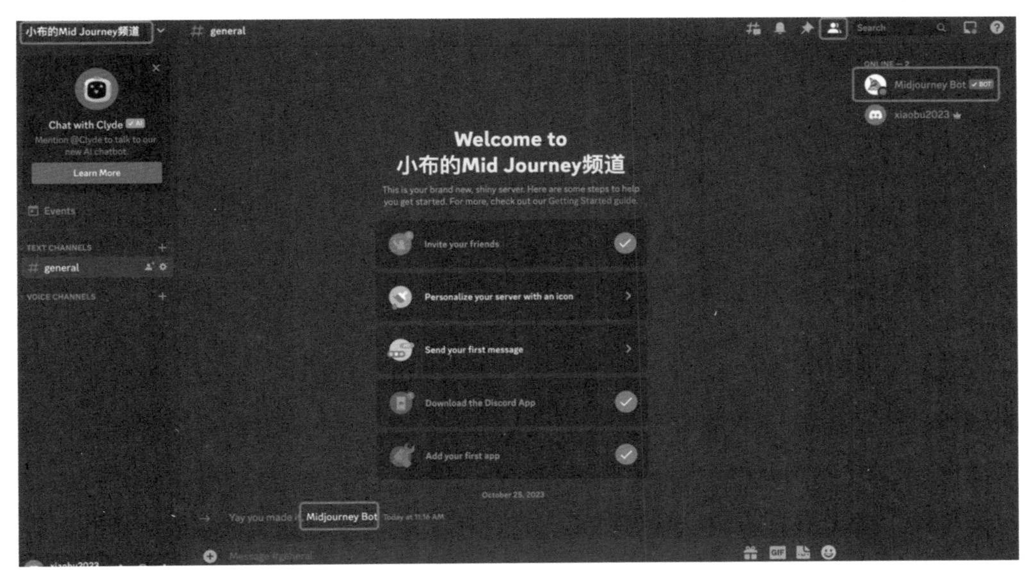

图 2.29　Midjourney Bot 已在成员列表中

步骤 7：邀请 Midjourney 机器人之后，就可以开始在你的频道内创作了。在输入框中输入 /imagine，后面跟上你想绘制的内容的提示词，Midjourney 机器人就会根据你的指令进行绘画。这个过程的操作方式和在 Midjourney 的新手频道中完全相同，如图 2.30 所示。

图 2.30　在自己的频道里作图

在自己的频道中创作，你会享受到更多的宁静与专注，无须担心被他人干扰或是作品内容被暴露在公共频道中。此外，你还可以创建多个频道，针对工作、生活、项目或测试等不同主题进行分类管理，这样可以更方便地保存、检索自己创作的提示词，也便于跟踪创作进度和成果。

2.6 用中文提示词轻松创作图像

通过上面的学习，我们已经能够利用 Midjourney 来创作图像，并且学会了如何通过图像生成后的按钮来执行简单指令。但是，AI 绘图每次都需要我们输入提示词，而 Midjourney 目前只支持英文。那么，对于不熟悉英文的用户，是否意味着无法精确表达自己的创作意图，从而无法创作出心中所想的图像呢？答案是并非如此。本节介绍如何使用中文输入提示词，并通过插件自动将其翻译成英文，实现在 Midjourney 中的应用，具体操作步骤如下。

步骤 1：首先，在电脑或手机上打开谷歌浏览器 Chrome[㊀]。接着，访问 Chrome 应用商店（https://chrome.google.com/webstore/category/extensions?hl=zh-CN）[㊁]，在应用商店的搜索栏中输入"沉浸式翻译"或" immersive translate"，如图 2.31 所示，然后点击搜索结果中的相应扩展程序进入详情页。

图 2.31 Chrome 浏览器的"沉浸式翻译"插件

㊀ 这款插件不仅兼容 Google Chrome，还支持 Edge、Firefox 和 Safari 浏览器，适用于包括苹果电脑、台式机，以及苹果手机和安卓手机在内的多种设备。为了便于理解，我们将以 Google Chrome 为例进行说明，但安装和使用方法在其他设备或浏览器上也同样适用。详细信息和安装指南，请访问 https://immersivetranslate.com/。

㊁ 访问 Google Chrome 应用商店下载插件需要稳定的网络连接。若遇到网络问题，您可以通过 https://immersivetranslate.com/docs/installation/ 查看手动安装的步骤和 zip 压缩包教程。

步骤 2：在扩展程序的详情页，点击“添加至 Chrome”按钮。此时，会出现一个提示窗口，告知你该插件将会修改网页数据。点击“Add extension”即“添加插件”按钮（如图 2.32 所示）。插件安装完成后，浏览器会自动显示安装成功的页面。

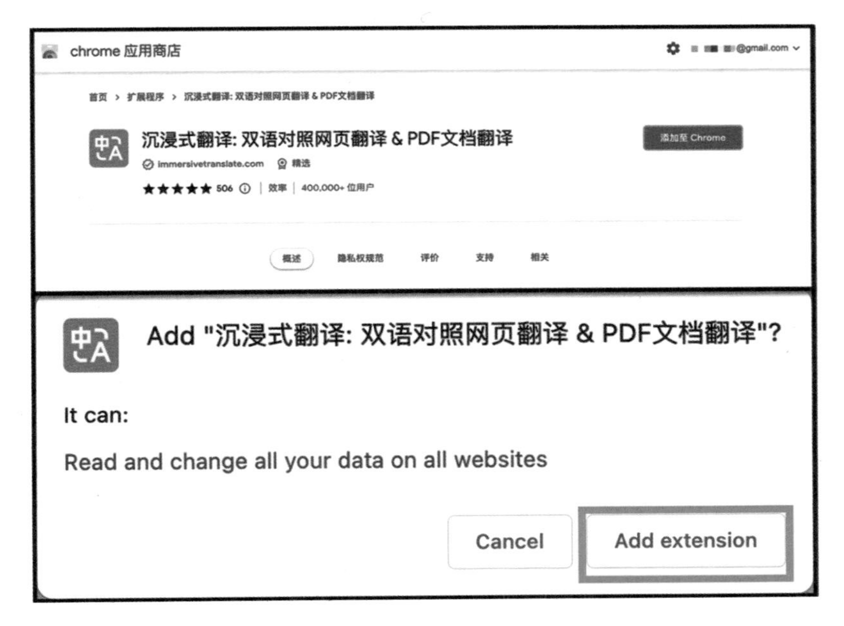

图 2.32　安装“沉浸式翻译”插件

步骤 3：在谷歌浏览器的地址栏输入 https://discord.com/channels/@me 打开网页版 Discord，并导航至私人 Midjourney 绘画频道。在输入框中键入想要创作的画面内容，例如“蓝天，白云，沙滩”，接着快速敲击三次空格键[⊖]，如图 2.33 所示。

步骤 4：选择启用输入框翻译功能，并点击“保存且不再提示”，以便在未来使用时不会再次弹出提示，如图 2.34 所示。

步骤 5：现在，你可以直接在 Discord 的输入框中输入中文提示词。例如，输入“蓝天，白云，沙滩，白色长裙，女孩”，然后快速按三次空格键，沉浸式翻译插件会自动将提示词由中文转换为英文。接下

⊖ 特别提示给 Mac 和 iOS 设备的用户：如果您在使用原生输入法时遇到无法通过敲击空格键完成翻译的问题，请进入 iPhone 或 Macbook 的键盘设置，关闭“双击空格键自动生成句号”的功能，确保插件的自动翻译功能正常工作。

来，全选并剪切翻译后的英文提示词，输入“/imagine”命令后跟一个空格，粘贴英文提示词并按下回车键，Midjourney 就会根据指令生成相应的图像，如图 2.35 所示。

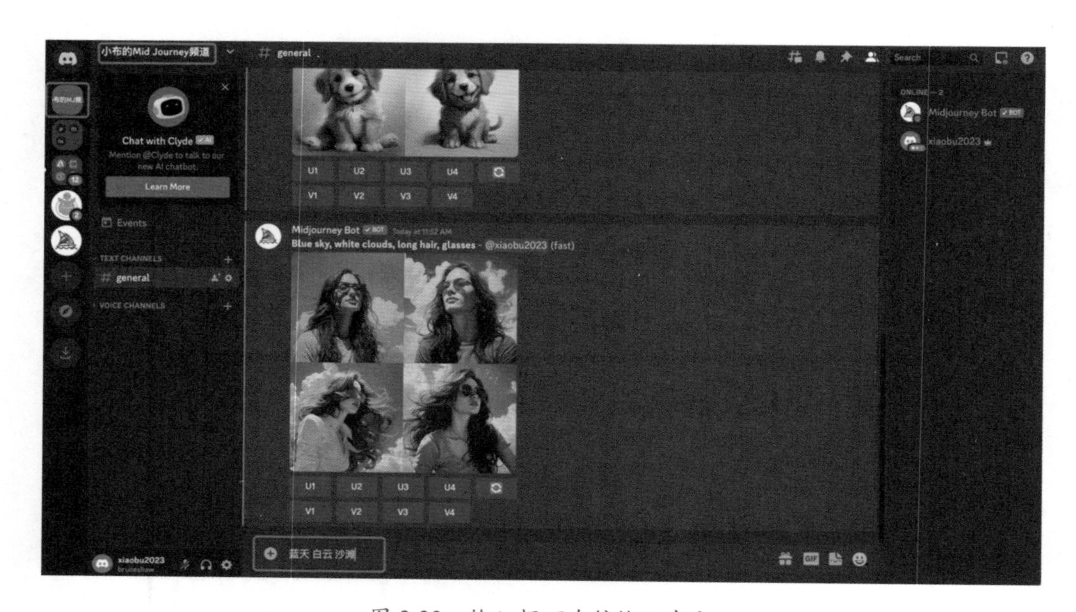

图 2.33　输入框可直接输入中文

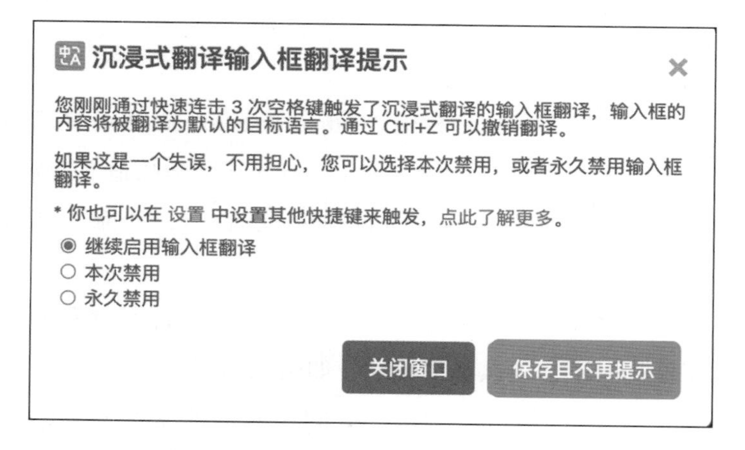

图 2.34　同意开启输入框翻译功能

请注意，目前这种使用中文提示词并快速转换为英文的功能，仅在电脑或手机的浏览器版 Discord 上可用，因为 Discord 的桌面客户端及手机 APP 尚不支持该翻译插件。因此，需要使用中文提示词的用户应使用浏览器版本的 Discord。

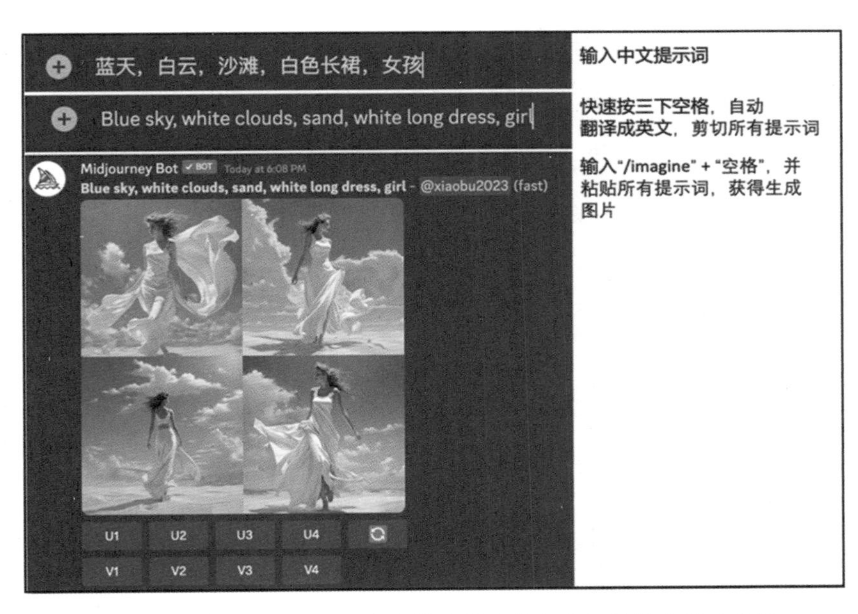

图 2.35 Midjourney 按照中文提示词生成相应的图像步骤示意图

2.7 将 Discord 页面设置为中文

因为 Midjourney 的绘图操作都在 Discord 进行，而 Discord 的界面默认是英文的，若转为中文将更符合我们的阅读习惯。下面详细介绍如何将 Discord 设置为中文界面。

步骤 1：观察 Discord 窗口左下角，你会看到麦克风、耳机和一个齿轮形状的“设置”图标。请点击这个“设置”图标（如图 2.36 所示）。

图 2.36 点击“设置”按钮

步骤 2：在弹出的设置页面左侧，滚动查找至“ Language”（语言）一词，点击进入。在右侧的选项中滚动寻找“中文”，点击位于“中文”选项左侧的圆形按钮（如图 2.37 所示）。

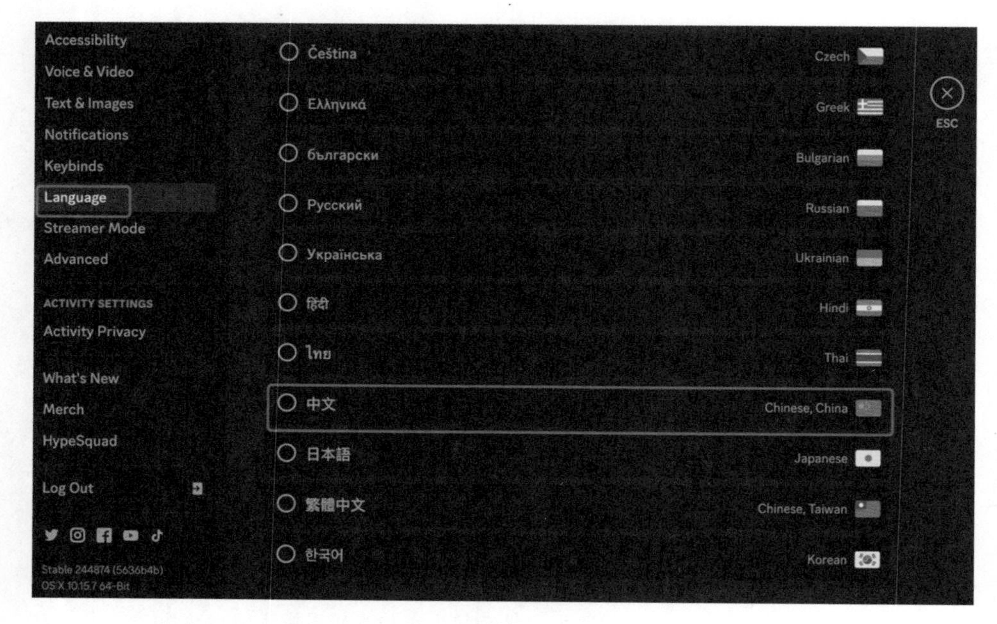

图 2.37　语言设置成中文

步骤 3：完成语言选择后，点击界面右上角的“ESC”键或点击屏幕外任意位置，即可退出设置。此时，Discord 界面会更新为中文版，所有提示均已转换（如图 2.38 所示）。

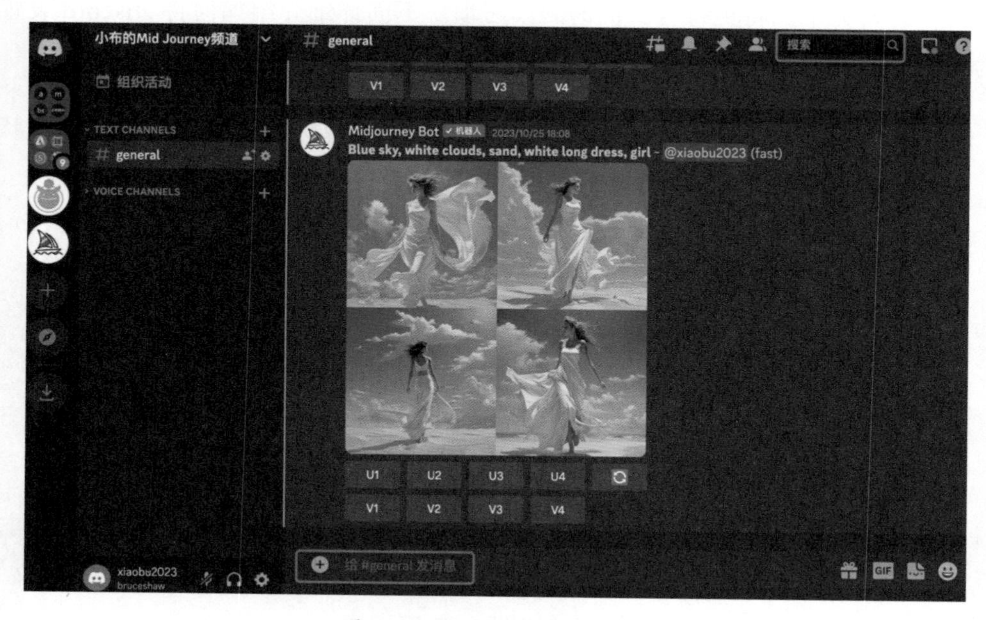

图 2.38　Discord 的中文界面

2.8 本章小结

本章详细介绍了在 Midjourney 中从注册到订阅的完整流程。Midjourney 依托于 Discord 平台，利用其群组和机器人功能来生成图像以及管理用户，因此你的注册过程将在 Discord 上完成。注册并购买订阅计划后，你便可以在 Midjourney 的新手频道中创作你的第一幅作品。随后，你可以使用一些基本技巧，例如放大、查看高清版本、保存和微调您的作品。

本章还分享了一些提升用户体验的小技巧。你可以创建私人 Discord 频道，这样既可以避免他人的内容干扰你的创作，也能更好地保护你的隐私。此外，借助 Immerse Translate（沉浸式翻译）工具，你可以用中文撰写提示词，系统会自动将其翻译成英文发送给 Midjourney。我们还介绍了如何将 Discord 的界面从默认的英文切换到中文，在使用 Discord 时能更加顺手。

总之，掌握了本章的内容，你将能够在 Midjourney 上轻松地开始图像创作和编辑之旅。

第3章

Midjourney的命令和参数

在学习AI绘画提示词时，你可能会看到其他创作者使用诸如“--ar”和“--s”这样的尾缀。那么，这些尾缀代表什么含义呢？它们的作用又是什么？实际上，“--ar”代表图像的长宽比，而“--s”则指代风格化的程度，它们都是Midjourney参数的一部分。至于Midjourney的命令，如“/imagine”和“/setting”，它们是启动不同功能的关键字。本章将详细介绍这些内容。

理论上，无论是否使用这些命令和参数，我们都可以创建出美观的图像。但是，一旦你掌握了命令和参数的作用和效果，并能灵活运用，就能在AI绘画中进行更精确的控制，提升创作效率，进而达到高手的水平。

对于初学者而言，第一次阅读本章时可能会感到有些难以理解。建议先浏览一遍，当需要使用特定的功能或技巧时，再回来仔细阅读相关部分。这样，你将更容易掌握Midjourney的高级用法。

3.1 Midjourney命令详解㊀

在Midjourney绘图频道，输入“/”将呈现可用的命令列表。这些命令不仅可以在任何集成了Midjourney机器人的频道使用，比如我们创建的私人频道或

㊀ 随着Midjourney不断升级与演进，它的命令和参数也可能随之更新，包括新增功能、优化现有功能或减少某些选项。为了获取最准确的信息，请参考Midjourney的官方文档（https://docs.midjourney.com/docs），那里详细介绍了所有可用的命令和参数。

Midjourney 官方频道，也可以在与 Midjourney 机器人的私聊中使用。下面，我将介绍在 Midjourney 使用过程中一些常用命令的功能以及它们的实际应用。

3.1.1 画图相关命令

1. /imagine（想象）

“/imagine”是生成图像的核心命令，也是我们绘制图像时使用最频繁的。之所以称之为“想象”，是因为 AI 绘图过程鼓励我们发挥创意，AI 随后将这些创意转化为具体的图像，即便这些图像描绘的场景在现实中并不存在，例如“穿着宇航服在太空中的大熊猫”。与直接的“生成”相比，“想象”一词带有更多的艺术感和情感温度。

2. /shorten（精简提示词）

此命令能够将冗长的提示词简化，方便下次使用简短的提示词来生成与原始长提示词相似的图像。

3. /describe（描述）

当我们上传一张图片时，这个功能能够利用 Midjourney 的语料库来描述图片内容，并提供生成图片的参考提示词。当在网上看到一张精美的图片而又没有提示词时，我们可以通过这一功能推断出相应的提示词，以制作出类似的高质量图片。

4. /prefer option set（预设参数设置）

通过这个功能，我们可以提前存储一些预设参数。在后续的使用中，输入对应的“-- 短语”即可快速调用这些预设参数，这与输入法的快捷短语类似。

使用方法：当你输入相应指令后，系统将提供两个选项：“option”用于输入预设的参数名称，如“mine2”（我的参数 2 号）；而“value”用于输入具体的参数值，例如“--ar 3:4 --v5.2”，这里，“--ar”是用来设定图片的长宽比，常见的比例包括 16 : 9、4 : 3、2 : 1 等，“--v 5.2”则代表选择使用 Midjourney 5.2 版模型。

完成预设参数的设置后，按下回车键，如果没有错误提示，之后在绘制图像时便可以直接应用这些参数。例如，如果在绘图时输入“1girl --mine2”，系统将自动应用“1girl --ar 3 : 4 --v 5.2”的设置，如图 3.1 所示。这种预设参数能够帮助你省去重复输入长串参数的麻烦。

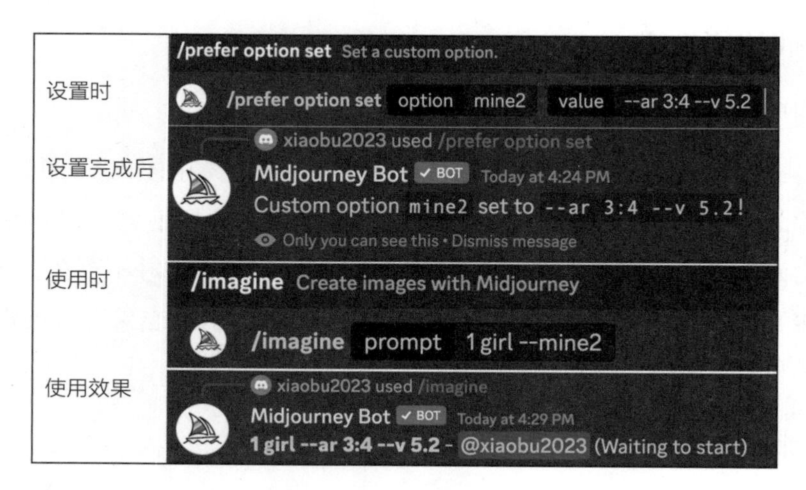

图 3.1 预设参数设置步骤示意图

5. /prefer option list（预设参数列表）

你还可以查看已保存的预设参数列表，该列表会显示每个参数的名称和详细设置，如图 3.2 所示。

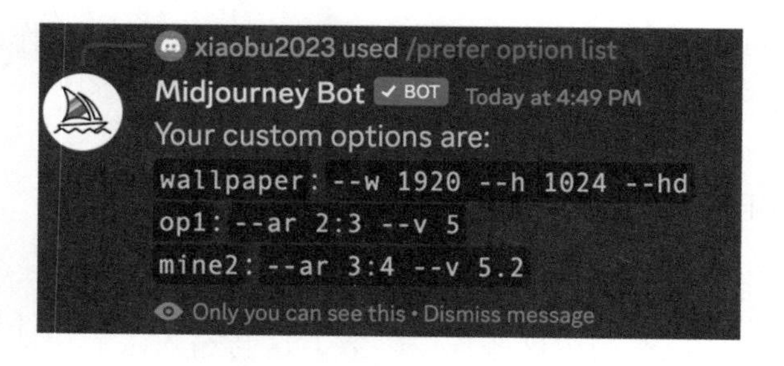

图 3.2 查看已经保存的预设参数列表

6. /prefer_suffix（预设尾缀）

另一个有用的指令是添加提示词后缀。设置好后，在每次生成图像时，系统都会自动在你输入的提示词后增加这些后缀。例如，如果你将后缀设置为“ best quality”，那么即使只输入了“1girl”，系统也会按照“1girl, best quality”的指令来生成图像。

这样设置的目的在于，AI 绘画在早期阶段需要使用一些质量控制词来提高输出图像的质量，例如“ best quality, masterpiece, high resolution”（最佳质量、杰作、高分辨率）等。这些细节的调整，可以大大提升最终作品的效果。

在 Midjourney 的 v5 及 v6 模型更新之后，图像生成的质量显著提升，“质量控制词”不再必须，从而导致“尾缀”功能的使用频率有所下降。如果你不慎启用了某个不希望使用的尾缀，只需重新输入“ /prefer_suffix”指令并直接发送（不附加任何内容），即可轻松取消该尾缀。

7. /prefer_remix（混合模式开关）

该指令能控制“混合模式”的开启与关闭，默认是关闭状态。一旦激活，当你使用“Various”功能（即在生成图片后选择“v1-v4”选项）或者“扩展画布”功能（在放大图片后选择“上下左右”选项）时，系统会弹出一个窗口。在这里，可以输入新的提示词，新生成的图像将会是原始图像与新提示词的创意结合，如图 3.3 所展示的那样。

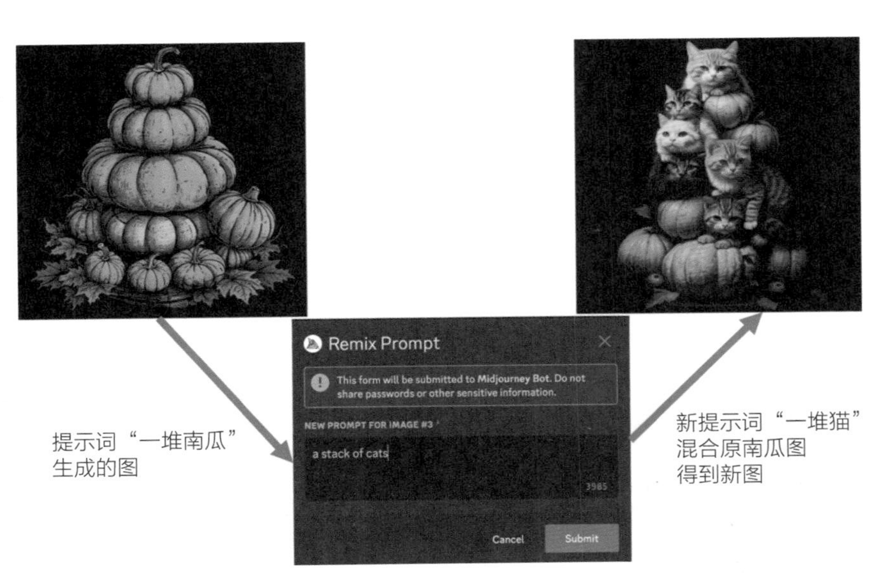

图 3.3 “Remix”混合模式效果示意

8. /blend（融合）

“ /blend”命令专门用于将 2 到 4 张图片的元素融合，以创造出全新的图像。操作方法是：在输入框中输入“ /blend”指令，然后在页面左侧的虚线框内点击或拖动以选择第一张图片，在右侧进行第二张图片的选择，完成后按回车键即可执行融合操作，如图 3.4 所示。

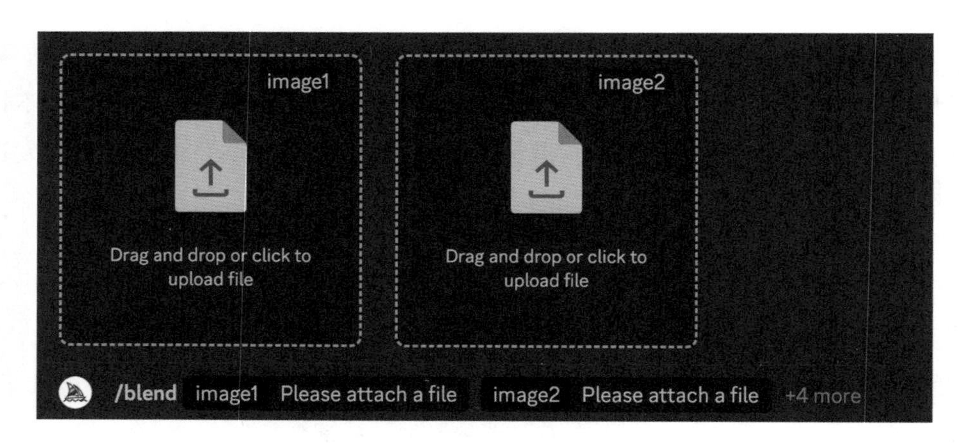

图 3.4 “Blend”融合模式

拓展功能：点击“+4more”按钮，可以添加最多四张图片进行融合。同时，系统提供了三种图像比例选项：Portrait（竖图）、Landscape（横图）和 Square（方图）。

在上传图片并发送指令之后，AI 将结合选择的图片特征进行创作。例如，它可能会将一张图片中的人物特征（如外套、站姿、白衬衫）与另一张图片中的自然景观（蓝天、白云、草地、湖水）相结合。但请注意，AI 不会简单地将一个图像的元素直接复制粘贴到另一个图像上，而是将两者的元素进行有机组合，如图 3.5 所示。

图 3.5 “Blend”融合模式示例

9. /tune（风格调试）

AI 绘画支持保存你的个性化图像生成风格，并允许通过风格编号在将来复用，具体操作步骤如下。

步骤 1：在输入框中输入 /tune 命令，并跟上你喜欢的风格描述词，例如“ kawaii, Shinkai Makoto cartoon style, naive, clean, anime, colorful”（可爱，新海诚动画风格，纯真，清新，动漫，色彩丰富）。

步骤 2：系统会弹出一个消息框，你可以在其中选择所需的选项。首先，选择想要生成的对比图组数，可选范围从 16 组到 128 组，组数越多，所需的处理时间越长。对于初学者，建议选择 16 组。其次，根据你对画风的偏好，选择默认模式或 Raw 模式。如果偏好写实自然风格，可以选择 Raw 模式；如追求艺术效果，则默认模式更为合适。

设置完成后，点击下方的“submit”（提交）按钮。系统将显示所需消耗的时间，确认无误后，再次点击以完成设置，如图 3.6 所示。

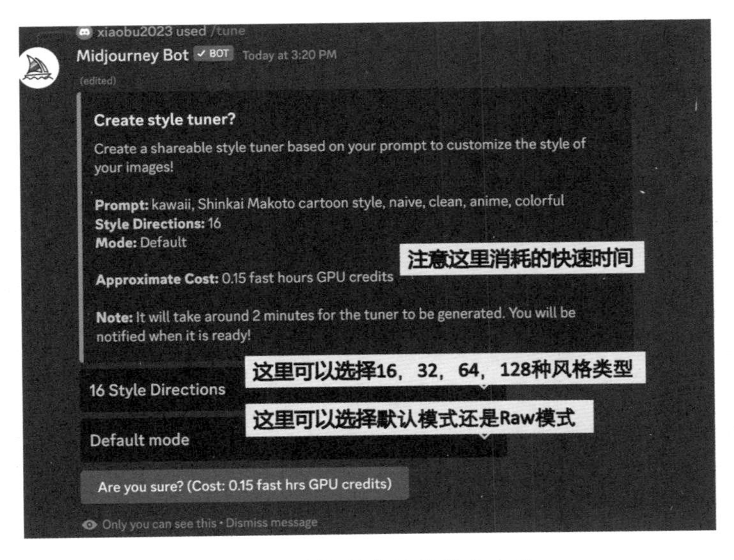

图 3.6　风格创建的设置和含义

步骤 3：几分钟后，系统会通知你风格创建已完成，并提供一个链接，你可以通过该链接访问 Midjourney 网站，以浏览并选择你的风格候选。

步骤 4：在新页面，选择心仪的画风。操作上有两种模式可供选择：一种是双列图片对比，让你每行选择左侧或右侧的图片（如图 3.7 左图所示），另一种则是从一组图片集中挑选至少四种喜欢的风格类型（如图 3.7 右图所示）。

图 3.7 风格选择

步骤 5：获取风格代码。在挑选完喜欢的图片后，网页底部会显示一串包含数字和英文字母的代码，这就是你的个性化风格代码（如图 3.8 所示）。复制这串代码，下次创建图片时，只需在提示词后加上“--style 风格代码”即可，例如：“--style 4dYEQOogqw3F”。

图 3.8 获取自己的风格代码

步骤 6：使用风格代码。在 Discord 的输入框中，输入如下命令：“/imagine 1girl, anime, big eyes, cartoon, cute, naive --style 4dYEQOogqw3F”。通过这组提示词，我们可以看到使用了个性化风格代码的图像风格更为统一，色调明亮且饱和度高，具有浓厚的日式画风特色。而未指定风格代码时，Midjourney 默认生成的图像通常色彩较为暗淡，画风偏向西方风格（如图 3.9 所示）。

图 3.9 不使用 / 使用特定风格效果对比图

总结一下，“/tune”命令可以调试并控制 / 统一风格，用于持续产出同一风格作品的场景，同时，我们也可以收藏和积累各种不同的风格代码，以备不同场景下使用。

3.1.2 系统相关命令

1. /settings（设置）

发送该命令后，系统会提供一系列常用设置选项。用户可以通过点击选择，自定义生成图片的不同属性（如图 3.10 所示）。这些选项包括：

- RAW Mode（写实模式）；
- Stylize low/med/high/very high（风格化程度：低 / 中 / 高 / 极高。程度越低，生成的图片越接近提示词描述；程度越高，图片越具艺术性）；
- Public mode（公共模式，生成的图片可能会在 Midjourney 网站上公开）；
- Remix mode（混合模式，支持在使用“Various[㊀]”按钮时添加新的提示词以改变原图）；
- High/Low Variation Mode（可变性模式高 / 低，影响使用“Various”按钮

㊀ Various 按钮，即生成图片后在图片下方显示的 V1-V4 按钮。

时图片变化的幅度)；

- Sticky Style（无须重复输入，系统会自动应用上一次使用的风格设置)；
- Turbo/Fast/Relax mode（用户可以在极速模式、快速模式和休闲模式之间自由切换。默认情况下，休闲模式下生成一张图像需要 1～2 分钟。快速模式大约在 10～60 秒内完成，而极速模式则提供了比快速模式更快的服务，但相应地，使用的“快速时间”是后者的两倍。）

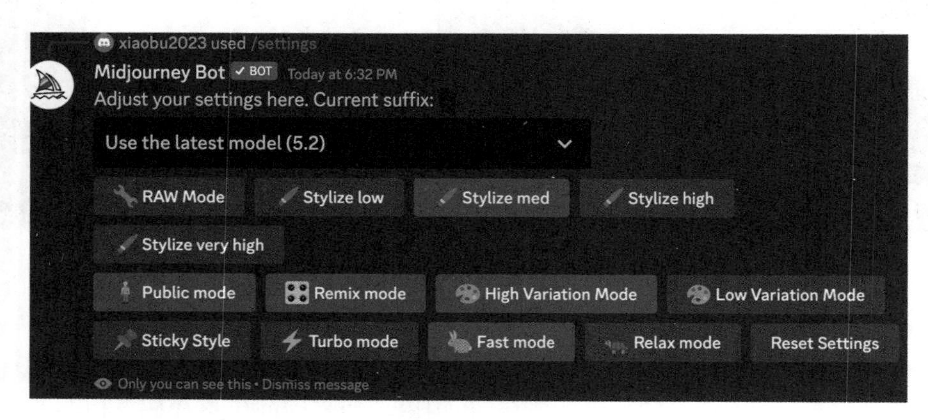

图 3.10 设置界面

2. /relax（休闲）

允许用户从快速或极速模式切换到休闲模式，以减慢图像生成的速度。

3. /fast（快速）

在这个模式下，图像的排队和处理时间会显著缩短，速度提升约 2 倍。启用此模式前提是用户账户中还有足够的“快速时间”。可在 Midjourney 主页的“订阅管理”查看余额，或通过输入“/info”命令获取信息。

4. /turbo（极速模式）

Midjourney 表示，极速模式的处理速度是快速模式的 4 倍，消耗的“快速时间”是后者的两倍。

5. /public（公共模式）

在此模式下生成的图像和提示词可能会展示在 Midjourney 官网上。公共模式是默认设置，非 Pro 或 Meta 计划用户无法切换到隐身模式。

6. /private 或 /stealth（隐身模式开关）

开启后，用户生成的图像将享有更高的隐私保护，不在 Midjourney 网站公开。但在公共频道使用隐身模式，频道内的其他用户还是能看到图像。因此，建议在私人频道或与 Midjourney 机器人私聊时使用。需注意，此功能仅限 Pro Plan 或 Mega Plan 用户使用，若不符合条件，系统会提示需要升级计划。

7. /prefer auto_dm（自动私信发送图片开关）

开启“自动私信发送图片”功能后，系统将自动启用私信发送功能（Auto-DM is now enabled），这意味着无论你在“新手子频道”还是在个人创建的频道中生成图片，Midjourney 不仅会在相应频道展示图片结果，还会将图片通过私信单独发送给你。这一改进极大地方便了用户寻找生成的图片。

然而，如果你认为在频道和私信中收到两份相同的图片没有必要，尤其是在你已经掌握了创建个人频道的技巧之后，可以随时关闭此功能。只需在聊天框中再次输入命令“/prefer auto_dm”，系统便会停止通过私信发送图片的操作。

8. /ask（提问）

这个命令用于用户使用英文询问 Midjourney 的使用方法和技巧，系统会提供相关建议，有时附带链接。数据源主要来自官方文档和 Midjourney Discord 论坛的问答。对于超出范围的问题，系统会显示“No answer found”（未找到答案）。

9. /prefer_variability（可变性开关）

默认设置为高可变性。该设置影响生成图像后的“V1-V4”选项。低可变性将保留更多原图元素，而高可变性则相反，新图会展现更多变化，如图 3.11 所示。

图 3.11　高 / 低可变性区别

3.1.3 其他命令

1. /subscribe（订阅）

执行命令后，Midjourney 将提供订阅页面链接，方便用户在其中管理订阅设置，如激活或取消订阅，以及订阅升级等功能。

2. /userid（用户编码）

此命令能够查询到你的 Midjourney 用户 ID。

3. /show（展示 ID 任务）

利用任务 ID（job_id）可以查找之前的创作记录。通常这个功能较少使用，因为直接在 Discord 搜索或浏览 Midjourney 主页上的个人创作历史画廊，更便于找到历史作品。

4. /help（帮助）

输入此命令，Midjourney 会提供基础帮助信息，包括帮助文档链接、基本操作指南和 Midjourney 官网地址等。

5. /info（信息）

该指令能够显示账户的基本信息，如用户 ID、订阅类型、订阅有效期、剩余“快速时间”时长、当前进行中的绘图任务数量等。

6. /invite（邀请）

发送该命令后，Midjourney 机器人会生成一个分享链接。你的朋友们可以通过这个链接加入 Midjourney 官方频道，在频道内既可浏览内容，也可以开始绘图（前提是已订阅 Midjourney 服务）。

3.2 Midjourney 参数详解

3.2.1 参数使用方法和技巧

参数的使用是在提示词后加上参数名称和数值，两者之间用空格隔开，然后输入两个短横线后跟参数名称，再空格后输入参数值，例如：“1 girl --ar 3：2”，

“1 cat --s 100”。若需同时使用多个参数，各参数之间至少保持一个空格，例如：“--ar 2∶3 --s 500”。

对于那些我们经常会用到的参数，可以借助前文提到的“ prefer option set”功能。将一组常用的参数打包，存储到 /prefer option set 命令中。这样，在下次需要使用这些参数时，就可以避免重复输入，提高效率。

3.2.2 具体参数说明

1. --aspect 或 --ar（长宽比）

这个参数用于设定生成图片的长宽比。默认情况下，长宽比是1∶1，即正方形。可设定的比例范围是无限的，包括但不限于4∶3、16∶9、3∶2、2∶1等常见比例。

2. --chaos 或 --c（混乱值）

混乱值决定了在多次使用相同提示词生成图片时，结果的多样性。参数的范围是0～100，数值越大，生成的图片组合之间的差异可能越大。

3. --fast（单次快速模式）

选择此模式，系统会在本次生成图片时使用快速模式，以较快的速度完成，但不会影响到其他全局设置[⊖]。

4. --relax（单次休闲模式）

使用relax模式生成图片时，速度会比fast或turbo模式慢，但不会消耗“快速时间”。这种模式只影响本次生成，不会更改全局设置。

5. --turbo（单次极速模式）

在极速模式下，生成图片的速度极快，超过快速模式，消耗的“快速时间”是后者的两倍。这种设置同样只影响本次生成，不会改变全局设置。

6. --iw（图像权重）

当你上传一张或多张图片作为参考，并将图片链接放入提示词中时，可以通

⊖ 全局设置允许用户设定一种默认模式，这样就无须在每次操作时重复设置。例如，若将全局默认模式设为“休闲”（--relax），则在没有特别指定“快速”（--fast）模式的情况下，系统会自动采用“休闲”模式进行操作。

过设置 iw 值来决定这些参考图像在生成过程中的权重，或者说，生成图片时对上传图片的模仿程度。数值范围是 0～2，默认值是 1。

7. --no（剔除）

类似于 Stable Diffusion 中的 Negative Prompt，用于指定生成图片时不包含的元素。例如，--no human 会避免在图片中生成人物，--no plants 则会尽量不生成植物。

8. --quality 或 --q（质量）

此参数决定图片的质量，数值越大，图像渲染的时间越长。这与 Stable Diffusion 中的“Steps”（步数）相似。可选数值为 0.25、0.5、1。

9. --style（风格）

用法 1：--style random（随机风格）

指定生成图片的风格为随机选择的一种。即使不设置此参数，系统默认也会以随机风格生成图片。

这两者的区别在于，若不指定“随机风格”，生成的四张图可能包含 2～4 种不同的风格。而一旦设定了“随机风格”，四张图将统一呈现某一特定风格，确保风格的一致性。

用法 2：--style xxx（风格代码）

通过 /tune 命令可以创建个性化的风格，并将生成的风格代码添加到 style 参数之后。亦可在网络上寻找他人分享的风格代码进行使用。

用法 3：切换模型子版本

--style raw 可在 Midjourney V5.1 和 V5.2 模型间切换，使用此参数将调用 5.1 版本，未指定则默认为 5.2 版本。style raw 参数会生成更为写实和自然的画面；

--style 4a/4b/4c 可在 Midjourney V4 的不同子版本间进行选择；

--style cute/expressive/original/scenic 可在 Midjourney Niji V5 模型的相应风格版本间切换。

10. --repeat 或 --r（重复）

使用相同的提示词和参数，可以批量生成多组图像。例如，提示词“1 girl”默认生成一组四张图片。若使用“1 girl --ar 2 : 3 --r 2”，则意味着将“1 girl --ar 2:3”作为提示词和参数，自动重复生成两次，共得到八张图片。

此参数的可设置范围为 1～40，未指定时默认为 1，即按照提示词生成一组四张图片。

11. --seed（种子）

“种子”编号用以确定生成图片的随机性。若希望重现同一人物、风格或构图的图像，可使用相同的种子编号。

种子的取值范围为 0～4 294 967 295，若未指定，则使用随机种子。

在图像生成时，点击“反应”中的“信封”表情符号，即可在 Midjourney 机器人的私聊窗口获取种子编号，如图 3.12 所示。此外，也可以通过网络分享获取他人的种子编号。

图 3.12 添加“信封”反应，获得图像的种子编号

12. --stop（停止）

此参数控制生成过程何时停止，默认在 100% 时完成，输出最终图片。通过设定“ --stop”参数，用户可以选择在 10%～100% 的任意进度中断生成，从而创作出具有梦幻般朦胧美感的图像。适用于想要获得更加抽象效果的场景。参数的有效数值区间是 10～100，若不另行设置，默认为 100。

13. --stylize 或 --s（风格化）

风格化参数决定了艺术化的程度：数值越高，图像的艺术风格越浓烈；数值越低，则结果越接近写实，更忠实于输入的提示词。默认风格化参数设为 100，可设置的范围是 0～1000。如图 3.13 所示，展示了不同风格化参数下图像的艺术化程度。同时，Stylize 参数的设定与设置选项中的 Stylize Low（低）、Med（中）、High（高）、Very High（非常高）相对应，例如：Stylize 50 等同于 Stylize Low，而 Stylize 750 则等同于 Stylize Very High。

图 3.13 不同 stylize 值对于图像艺术化程度的影响，来源：Midjourney 官方文档

14. --tile（无缝重复拼贴）

此功能用以生成可无缝重复拼贴的图案，适用于设计纺织品花纹、瓷砖纹理等，如图 3.14 所示。

图 3.14 创建可以无缝重复拼贴的图片

15. --weird（奇异值）

“奇异值”是一个参数设置，其取值范围为 0～3000，主要用于生成具有独

特魅力的非常规图像。如果你对此感兴趣，不妨从较低的数值开始尝试，例如设定“ --weird 250”，然后逐渐增大或减小数值以寻求理想的效果。但需注意，即使数值调至 3000，变化也可能不甚明显，因此此参数更适合于测试和探索之用。

16. --version 或 --v（模型版本）

用于指定模型版本，仅影响当前的图像生成。若需永久更改默认模型，请在“/setting”菜单中设置。可选的模型版本包括“V4”“V5”“V5.1”“V5.2”“V6.0”以及“Niji 5”等。“V1”至“V6”版本均属于 Midjourney 系列，它们是多功能的通用模型。与之相比，Niji 模型在绘制动漫风格的二次元图像方面表现更佳，通常是绘制此类图像的首选。

17. --video（视频）

允许用户生成一个短暂的动态展示图（通常为 5 秒的无声 MP4 格式动图），展示一组图像的生成过程，如图 3.15 所示。目前，该功能仅支持同时生成的四张图像的动态展示，尚不能单独展示一张图像的生成过程。操作方法：在输入提示词后添加“ --video”参数，并在生成四张图片后，点击消息右上角的“反应”按钮，回复“信封”表情符号，即可通过私信获取该动图。由于本书的局限性，我们无法展示动态图像，但读者在亲自尝试时将能体验到图像的动态效果。

图 3.15　“生成本组图像过程”的动图

3.2.3 参数默认值和可设置范围

Midjourney 参数默认值和可设置范围（Midjourney V5 模型[㊀]）见表 3.1。

表 3.1 Midjourney 参数默认值和可设置范围

	长宽比 --ar	混乱值 --chaos	质量值 --quality --q	种子编号 --seed	停止值 --stop	风格化 --stylize --s
默认值	1 : 1	0	1	随机值	100	100
可设置范围	不限	0～100	0.25, 0.5, 1	整数 0～4 294 967 295	10～100	0～1000

3.3 本章小结

在本章中，我们深入探讨了 Midjourney 的核心操作命令——以斜杠“/”开始的英文单词。这些命令关乎绘图功能，例如使用“/imagine”来生成图像，“/describe”来辨识并提示图片内容，“/blend”则用于合并多个图像元素。此外，系统命令如“/setting”允许用户设定偏好，“/fast”和“/relax”则分别启用快速或休闲的图像生成模式。

我们还介绍了如何运用各种高级参数——在提示词之后，跟随两个短横线“--”的英文单词。这些参数包括调整图像比例的“--ar”，风格化指数“--s”，以及设置上传图片权重的“--iw”。

尽管没有这些命令和参数，我们依然可以创建图像，但精通它们将解锁 Midjourney 的高级功能，例如“/tune”用于风格定制，“/tile”实现无缝重复拼贴，从而让图像的生成更加精准和高效。

对于新手来说，初学时不必急于掌握所有命令和参数。不懂也没关系，慢慢来。当遇到合适的场景有需要时，再去查询和实践，往往能取得更好的效果。

㊀ 若想查阅其他模型的默认设置详情，请参考官方文档（https://docs.midjourney.com/docs）。

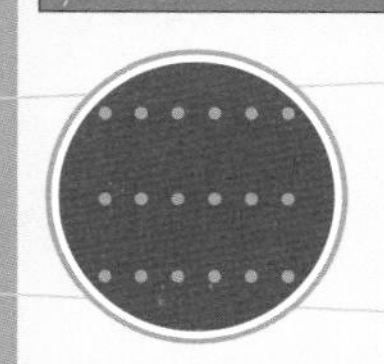

基础操作篇

现在，让我们通过一系列实操案例，看看 Midjourney 如何在日常生活和工作中发挥作用。无论是解决生活琐事、工作难题，还是商业创意，如制作个性头像、设计海报、商标、壁纸或写真，Midjourney 都能帮我们提升效率。接下来，我们将步入各种场景，展示 Midjourney 在实践中的妙用。

第4章 头像制作

在社交网络的世界里，头像是我们展示自我风采的重要窗口。一个既美观又富有个性的头像能帮助我们更好地表达自己，从而吸引更多的关注与认同。以往，定制独特头像往往需要找专业画师手绘，或者前往摄影工作室拍摄艺术照，这些服务的价格从几十到数千元不等。然而，随着AI绘画技术的出现，无论是追求美观、个性、趣味、唯美、独特风格，还是想要自己的肖像动漫化、3D立体化，或是接近写实风格，AI绘画都能为我们提供无限的可能性。如今，我们可以轻松利用AI绘画技术，快速生成各式各样的头像，其数量之多，足以让我们每周甚至每天更换一次，都不会重样。同时，也有创业者洞察到这一趋势，开始在朋友圈、社交平台和电商平台提供个性化头像定制服务，开辟了新的收入渠道。

接下来，就让我们一起探索不同风格头像的生成秘籍吧！

4.1 好看的动漫头像

4.1.1 可爱的女生动漫头像

让我们一起探索如何打造一个超可爱的动漫女生头像。

步骤1：想要创作一张用作头像的可爱动漫图，我们首先得思考需要哪些关键元素。

步骤 2：必不可少的要素包括：具有女孩特征的形象、水汪汪的大眼睛、纯真无邪的面容、显眼的大蝴蝶结和洁白的衣裳。

步骤 3：除了这些元素，我们还得关注画面的细节处理，追求极致的清晰度。同时，选择艺术家风格也很关键，比如倾向于新海诚那样干净自然、美轮美奂的风格。考虑到我们的目标是漫画风，使用 Midjourney Niji 5 绘图模型可能更为合适，因此应当加入参数“--niji 5”。

步骤 4：将上述要素汇总，我们得到以下提示词[㊀]：

Cartoon little girl, naive and cute, watery big eyes, long black hair, red bow hair accessories, wearing a white shirt, looking at the sky, nostalgic works, retro style, Shinkai style, top quality --niji 5

中文含义：卡通少女，天真可爱，水汪汪的大眼睛，黑色长发，红色蝴蝶结发饰，穿着白衬衫，望着天空，怀旧作品，复古风格，新海诚风格，最好的质量 --niji 5 模型。

步骤 5：将这些提示词发送至 Midjourney，即可生成如图 4.1 所展示的图像。

图 4.1　生成的可爱女生图像

㊀ 本书中提供的所有提示词样例，默认使用的是 Midjourney V5.2 绘图模型，除非在提示词末尾有特殊标注。例如，“--niji 5”表示使用 Midjourney 的 Niji 5 绘图模型，“--V6.0”则指 Midjourney 的 V6 版本绘图模型。

步骤 6：如果作品未能完全满足你的期待，不妨用相同的提示词再生成几组，参见图 4.2。

图 4.2 可用同样提示词多生成几组卡通少女图像

步骤 7：当然，我们还可以继续调整细节，比如尝试不同的艺术家风格（例如宫崎骏的风格）、更换服饰（如碎花裙），或是让小女孩乘上热气球等。通过替换或增删提示词，我们可以更精确地实现心中所想的画面。

4.1.2 简洁的蓝底动漫头像

除了充满可爱气息的头像，有些女生偏爱忧郁风格，这种风格显得更加成熟和酷。那么，这样的头像能否生成呢？答案是肯定的。

步骤 1：想象一下，忧郁的氛围应该如何表现？通常会选择冷色调，如蓝色和白色。女生身着黑色衣服，形成鲜明对比，整个画面以简约风为佳。

步骤 2：整理提示词，我们得到以下元素：

A girl, cold expression, white hair, black clothes, earrings, blue background, minimalist art, plat illustration, --niji 5

中文含义：

一个女孩，冷酷的表情，白发，黑色的衣服，耳环，蓝色的背景，极简艺术，平面插画，--niji 5 模型。

步骤 3：将这些提示词输入 Midjourney 后，我们获得了图 4.3 所示的图像。图中女孩低头、面无表情，仿佛在沉思，蓝色调的冷色基调衬托出忧郁而清冷的气质，非常适合喜欢这一类型的读者作为头像。

图 4.3　简洁蓝底动漫头像（女）

步骤 4：若需生成男性版头像，只需将提示词“a girl”更改为“a boy”[㊀]，这样一来，就能获得 4 张酷酷的男生动漫头像如图 4.4 所示。既帅气又酷炫，加上那神秘的眼神，男生使用这样的头像聊天时，定能增添魅力，给对方留下深刻印象。

㊀ 完整提示词：A boy, cold expression, white hair, black clothes, earrings, blue background, minimalist art, plat illustration, --niji 5

图 4.4 简洁蓝底动漫头像（男）

步骤 5：除了性别的变更，还可以定制更多细节，例如，让图像中的人物手持宝剑，增添侠义气概[㊀]，如图 4.5 所示。

图 4.5 让图像中的人物拿着一把剑

除此之外，还有许多可调整的细节。通过增减提示词来测试，你可以更精准地定制出心仪的头像。互联网上也有丰富多样的头像生成提示词供你参考，篇幅所限，我们无法一一示范，不妨自己动手尝试，开启探索之旅。

4.2 神似本人的头像

动漫迷们常常寻求独一无二的动漫风格头像，以展示个性同时避免与他人雷同。然而，这些定制头像往往无法展现个人的真实面貌和独特性。那么，我们能

㊀ 完整提示词：A boy, hold a sword, cold expression, white hair, black clothes, earrings, blue background, minimalist art, plat illustration, --niji 5

否创造出既有个性又能体现自我特征的头像呢？答案是肯定的，下面介绍如何实现这一目标。

4.2.1 第一种方法：换脸

首先来看换脸技术。这种方法能够生成与个人五官相似的真实头像，例如将自己的面容融合到神奇女侠的形象中，或是植入到一幅艺术照片里。但需注意，用个人照片（写实类照片）换脸写实类照片效果较好，而将写实类照片换成动漫或 3D 风格的人像，效果可能不太理想。

步骤 1：安装 Insight Face Swap 工具。

为了生成与个人相似的头像，需要让 AI 识别并记住我们的特征。这就需要使用一个名为 Insight Face Swap 的工具，它的安装和使用都非常直观。

首先，通过浏览器访问以下链接：https://Discord.com/api/oauth2/authorize?client_id=1090660574196674713&permissions=274877945856&scope=bot

若链接失效，请前往 Insight Face Swap 的官方 Github 页面 https://github.com/deepinsight/insightface 获取最新的接入方法。

打开链接后，会出现一个授权确认窗口。选择自己的 Midjourney 私人频道，点击“继续”，如图 4.6 左图所示，然后选择“授权”。此后，你会在 Discord 频道的成员列表中看到新增的 InsightFaceSwap 机器人，表示安装成功。

图 4.6 把 InsightFaceSwap 机器人加入 Midjourney 私人频道

如果系统提示你未登录，就按照提示登录；如果出现人机验证，完成验证即可。

步骤 2：上传头像。

其次，需要上传一张清晰、光线良好的头像。确保面部朝前，五官可见，无遮挡物，避免浓妆及过度磨皮效果，以获得最佳的 AI 绘制效果。如图 4.7 所示，展示了一张标准的女生自拍照[㊀]。

图 4.7　女生自拍示例

上传头像时，在聊天框键入“ /saveid”并回车。随后，在“idname”栏中填写照片名称，比如“ me”，然后点击虚线框选择照片，上传并回车。如图 4.8 所示，上传成功后，系统会显示：“idname me created”。

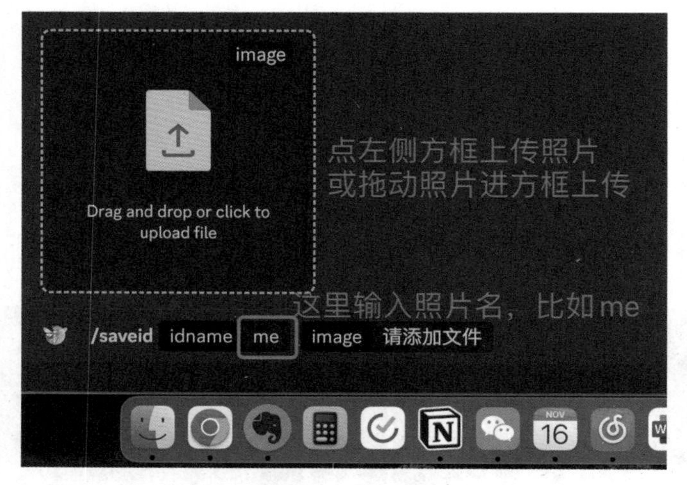

图 4.8　上传照片

步骤 3：开始绘制头像。

如果你钟情于经典的女性屏幕角色，如花木兰，可以将自己化身为她，展现坚强意志和飒爽英姿。

提示词： Hua Mulan, holding a sword, riding a horse, movie photos --style raw --v 6.0

中文含义： 花木兰，拿着剑，骑着马，电影图片。

㊀ 关于本书中的自拍图像示例，若无特殊说明，均为 Midjourney 6.0 模型生成的 AI 图。这些人像图虽然是由 AI 创建，但在上传和处理真实人像照片时，操作方法和效果与之相同。

步骤 4：换脸。

记得我们刚开始上传的那张照片吗？现在，我们将使用 InsightFaceSwap 机器人来完成换脸任务。

我们将进行一次有趣的换脸体验，让自己化身为骑士，手握长剑，驰骋在战场上。先放大两张图片，然后用鼠标右键点击放大后的图片，依次选择“APP”和“INSwapper”。系统会提示“命令已发送”，可能需要等待一会，通常在 1～2 分钟内就能看到结果。

我们很快就看到换脸的效果，如图 4.9 所示。

图 4.9 换脸效果

同样的方法，我们还可以尝试将自己变身为神奇女侠，操作步骤简单明了。只需将“wonder woman”（神奇女侠）这个提示词发送到 Midjourney，选中合适的图像放大后，用鼠标右键点击图片，再用鼠标左键依次选择“APP”和“INSwapper”即可，如图 4.10 所示。

图 4.10 神奇女侠换脸效果

步骤 5：尝试艺术照。

现在，让我们尝试用同样的方法生成一系列艺术照作为头像。例如，想象一下女生穿着漂亮的长裙，展现优雅的体态和曼妙的身姿，拍摄出令人惊叹的照片。我们首先生成一组梦幻般的穿着芭蕾舞裙的图片。

提示词： A lovely Chinese girl wearing ballet dress, full body, perfection, romantic, dreamy, ultra-realistic, ultra-detailed, hyper quality --ar 3:4 --style raw

中文含义：一个可爱的中国女孩，穿着芭蕾裙，全身，完美的，罗曼蒂克式的，梦幻的，超级真实的，超级细节的，超高质量的，-- 比例 3：4 -- 真实自然风格。

于是，我们得到了图 4.11 这组图片，特别是左侧的两张粉红色长裙图片，显得格外引人注目。

图 4.11 生成一组穿着粉色芭蕾长裙女生图片

接下来，我们将对这些图片进行放大处理并执行换脸操作。如图 4.12 所示，效果极其惊艳，即使是放大观察面部细节，相似度也非常高（如图 4.13 所示）。这类艺术照片，无论是作为头像还是分享到朋友圈，都能吸引大量赞赏。

图 4.12 芭蕾舞长裙的女生换脸效果

图 4.13 放大后看脸部的相似程度

若在传统照相馆完成此类艺术照拍摄，包括服装、化妆及道具等费用，通常需要数百至上千元。现在，仅需简单操作，即可轻松创作，实在是方便至极。

读者亦可尝试生成其他风格的艺术照，通过前文介绍的换脸步骤，寻找并创造个人最喜爱的艺术照。由于篇幅限制，具体操作步骤不再详述。

提示：为提高换脸相似度，建议选用清晰、光线良好、五官未被遮挡（如眼镜、刘海、麦克风等）且背景简单的照片。这将有助于算法更准确地识别面部特征。若效果不佳，不妨尝试更换不同照片或生成多张艺术照进行选择，以达到最佳效果。

4.2.2 第二种方法：参考图

这种方法适用于更广泛的画风，包括动漫和 3D，不仅限于真实人像。然而，它的一个明显缺点是五官相似度可能不高，大约在 50%～80% 之间，通常只能捕捉到某种“神韵”。操作指南如下。

步骤 1：首先，选择一张清晰度高、分辨率高、背景干净且人物主体突出的自拍照。例如，图 4.14 展示的是一位带有御姐风格的女生自拍照。

步骤 2：上传图片。点击输入框左侧的“+”号，选择上传文件，找到并上传自己的照片，之后按回车将图片发送至聊天对话框，如图 4.15 所示。

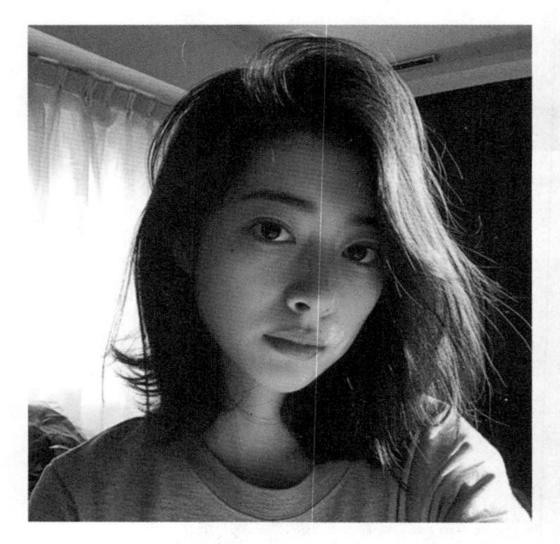

图 4.14 女生自拍图

图 4.15 上传照片

步骤 3：复制图片链接。上传图片后，用鼠标右键点击图片，选择“复制图片地址”。

步骤 4：开始画图。

我们先尝试绘制一张漫画风格的图片。为了创作出与原图风格相近的作品，我们的操作步骤如下。

1）在输入框中首先粘贴我们之前复制的图片地址（这是一个较长的链接）。

2）紧接着，用逗号分隔，添加描述性的提示词，确保这些词紧密贴合原图的特征。例如：“1girl, brown short hair, black eyes, gray top”（即：1 位女孩，棕色短发，黑色眼睛，穿着灰色上衣）。

3）最后，我们需要设置一些参数来指定生成图片的具体风格和质量，如设置图片尺寸为 2∶3，选择“Niji 5”模型，并将图片参考权重设置为 0.9。

完整的提示词如下：https://s.mj.run/TNokJ6-eyr4 1girl, brown short hair, black eyes, gray top, anime style, cartoon, --niji 5 --iw 0.9

中文含义：（图片地址），1 个女孩，棕色短发，黑眼睛，灰色上衣，动画风格，卡通。

在设置“iw”（图片参考权重）参数时，请注意其可调范围为 0～2。选择接近 2 的值，图片将趋向于写实风格，但超过 1.5 的设置可能让人物更像 CG 作品而非动漫形象。相反，低于 0.8 的设置会使得生成的图像与原图差异较大，难以保持高度的相似性。因此，我们推荐的设置范围是 0.8～1.5 之间，以获得最佳的动漫风格效果。

经过多次尝试和调整后，我们获得了令人满意的结果，如图 4.16 所示。若想追求更高的相似度，不妨多做几次尝试，或在使用“iw”参数生成参考图像后，尝试加入换脸技术以进一步优化效果。最终，选择最满意的作品即可。

图 4.16 画成漫画风格的图片

在成功模仿二维漫画风格之后，我们不妨进一步探索三维效果的创作，例如尝试 3D 人物风格。以下是一个针对此类风格的提示词示例：

https://s.mj.run/TNokJ6-eyr4 portrait of a girl, short brown hair, Disney Pixar animation style, intricate, realistic unreal engine --niji 5 --iw 1.5

中文含义：（自拍图片地址），女孩肖像照，棕色短发，迪士尼皮克斯风格，精致的，虚幻引擎，--niji 5 动漫模型。

可以看到，如图 4.17 所示的，图片呈现出三维立体效果，光线柔和，色调温馨，给人以舒适感。这种图像既比二维漫画更富有生命感，又比真实照片多了一层梦幻般的朦胧美，非常适合用作头像。

（注意：采用参考图生成 3D 头像时，可能会遇到与原图不太相似的情况，需要多次尝试以获得满意的结果）。

图 4.17 画成皮克斯 3D 人物风格头像图片

使用 Midjourney 创建头像提供了丰

富的创意空间。然而，由于 AI 的控制精度还不够完善，生成的人像相似度一般在 50%～80% 之间，往往需要多次修改才能达到理想效果。

如果读者熟悉 Photoshop，通过后期人工微调，可以稳定实现超过 80% 的相似度。考虑到本章是 Midjourney 的基础教程，不包括其他软件操作，故不展开讨论。但对于日常使用，这已经足够。除非是为专业影像馆制作宣传图或商业用途图片，那么需要进一步提升相似度和图像质量，包括修图、元素调整、图片放大等操作。

4.3 本章小结

本章介绍了两种头像制作的方法。

第一种是制作“好看”的头像，这类头像可以通过结合关键词、人物特征描述、风格及艺术家名称来生成。我们提供了几个模板供大家参考和模仿，也可以通过调整关键词来创建更加个性化的头像。

第二种是制作“相似”的头像，这不仅要求头像“好看”，还要能够反映出个人的五官特征。实现方式有两种：一是“换脸”技术，先生成一个基础图像，然后利用 InsightFaceSwapper 插件调整五官，使图像更贴近本人；二是上传参考照片，建议 1~3 张，将图片地址输入提示栏，并设置图像权重（“ --iw”）在 0.8 到 1.5 之间，以生成和自己相似的人物头像。

掌握这些方法后，你可以为自己设计独特的头像，不仅让自己的头像更具吸引力和个性，也可以为你的伴侣、家人制作专属头像，增添快乐。此外，帮助朋友制作头像也是增进友谊的好方法，有些人甚至通过此技术为他人制作头像而获得经济收益。

第5章 海报制作

海报，这个词在现代的语境下，已经不仅仅局限于单张的纸质广告了。如今，任何充满创意、用于宣传和传播的图像作品，只要它蕴含着文字和视觉元素，都可称为海报。无论是在街头巷尾，还是在数字屏幕上，海报以其鲜明的主题和精准的信息传达，迅速捕获我们的注意力。

海报的种类繁多，主要可以分为商业海报、文化海报和公益海报三大类。商业海报致力于推广产品和品牌，文化海报则旨在宣传各类文化活动，而公益海报关注的则是社会公益性议题。接下来，我们将探索如何运用 Midjourney 来创作出令人印象深刻的各类海报。

5.1 商业海报制作

5.1.1 餐厅用创意类海报

在商业的广阔天地里，美食总是占据着一席之地。以食品行业为例，预制菜的兴起让许多餐厅的菜单更加多样。但是，仍有不少人钟情于那一份现炒带来的独特“锅气”。以某知名餐厅主打的“大厨现炒”概念为例，如何通过海报将这一概念有效传达出去呢？

步骤 1：需求分析，构建画面和元素。

要凸显“大厨现炒”的特色，自然少不了大厨、厨房和炒菜的场景。最直接的方式是拍摄大厨烹饪的现场，捕捉那香气四溢、火光闪烁的瞬间。但实地拍摄不仅耗时耗资，还难以达到吸引眼球的效果。那么，尝试以动漫风格来表现，或许能更好地抓住观众的心。

以动漫为媒介，我们可以打破现实的限制，例如设计一个类似功夫熊猫的角色作为主厨，营造出一种夸张而热烈的氛围。

步骤 2：开始画图测试。

首先，尝试绘制一位熊猫厨师，提示词为“ a panda as a chef”（此类创意表达方式颇受欢迎，如“a panda as astronaut”“a wolf as grandma” 等）。然而，由于画面的随机性，可能需要添加更多限定词以确保画面聚焦于炒菜这一动作（如图 5.1 所示）。

图 5.1 熊猫厨师

步骤 3：增加画面元素描述和限定。

例如，在描述炒菜场景时，明确指出需要“炒菜”动作，并补充“锅在火上”细节，既增强了场景的活力，又避免了仅提及“火”可能带来的误解。此外，通过搜索引擎查看不同英文关键词对应的图片，可以更准确地选取符合预期的画面元素。例如，查找后我们明白，“pot”指的是深底汤锅，“wok”是指炒锅，“fry pan”则是平底炒锅。

在完善画面元素后，尽管场景的基本组成部分已齐全，但画面整体仍稍显单调，缺乏生动的戏剧效果，如图 5.2 所示。

图 5.2　增加画面元素描述和限定

步骤 4：添加氛围和效果词汇来赋予画面更多戏剧性和动感。

例如，使用“戏剧化”“动感十足的场景”和“影院灯光”等描述，再结合 2∶3 的画面比例，构建出既动感又富有戏剧性的视觉效果。

提示词： A panda as a chef, with a chef's hat, in a stir-fry scenes, fry pan above the fire, dynamic and action-packed, cinema light, low angle view --ar 2:3

中文含义： 一只熊猫厨师，戴着厨师帽，在一个炒菜的场景，锅在火上，戏剧性并且充满动感，影院灯光，从下往上的角度，长宽比 2∶3。

最终效果如图 5.3 所示。

图 5.3 添加氛围和效果提示词

步骤 5：添加文字和排版。

虽然篇幅所限无法详细展开，但简单示例可见于图 5.4。读者可以根据个人需求，进一步调整字体和样式，或利用在线设计工具和模板进行创作。尽管 Midjourney 无法直接生成带有文字排版的海报，但其提供的鲜明底图和元素设计，无疑大大提升了制作海报的效率。

步骤 6：系列延伸与创新。

在设计系列海报时，我们往往不会停留在单一图像上。通过简单的提示词替换，我们能够轻松创造出属于同一系列的不同主题海报。例如，将“熊猫”替换为“猫”“老鼠”“熊”乃至“鹰”，就能生成风格一致但主题各异的海报底图，如图 5.5 所示。

图 5.4　添加文字排版

图 5.5　生成同样系列不同动物厨师海报

5.1.2　食品类大图海报

对于餐厅老板而言，制作引人食欲的食品特写海报同样重要。

步骤 1：画面描述。

以汉堡包为例，我们首先需要描述基础画面元素，如“汉堡包、实木桌、飞溅的奶酪”，便可获得一张如图 5.6 所示的基础图像。

步骤 2：添加风格。

从图 5.6 中可以看出，虽然汉堡包的细节十分写实并带有动感，但仍缺少一些诱人的食欲。此时，我们可以通过添加一些风格描述来增强画面效果，例如“商业摄影风格、Octane 渲染、白色灯光、红色背景”。这些描述有助于营造出更专业、更具吸引力的画面，红色调的背景更是增添了食欲，如图 5.7 所示。

步骤 3：细节提升。

确定了风格后，下一步是提升图像的细节，使其更加精致，满足商业使用的标准。此时，添加如“高分辨率、8k、极致的细节、精细的细节、专业的调色”

图 5.6　汉堡包仅物体提示词

图 5.7　添加风格提示词

等关键词[1]，并设置长宽比为 2 : 3。最终，我们将得到一张如图 5.8 所示的高质量图片，它不仅可以作为海报的底图，还可以进一步添加文字来强调产品的特点和联系信息。

图 5.8　提升图像细节

提示词：

Hamburger, on solid wood table, splatted cheese, commercial photography, octane rendering, white lighting, red background, high resolution, 8k, insane detailed, fine details, professional color grading --ar 2:3

中文含义：汉堡包，在实木桌子上，飞溅的奶酪，商业摄影，辛烷值渲染，白色照明，红色背景，高分辨率，8k，极致的细节，精细的细节，专业的调色，长宽比 2 : 3。

---

[1] 注意，Midjourney V6 之前的模型需要这些画质类的提示词，但是 V6 模型之后可无需添加这类提示词。

步骤 4：元素本地化。

汉堡包更西式，对于偏爱中餐的创作者来说，如何绘制一幅牛肉面海报？其实，方法相当简单：只需将“汉堡包”替换为“牛肉面”，并去除“飞溅的奶酪”。此外，考虑到绘制面条时可能需要从上方观察，我们可以添加“top view”（俯视图）作为视角提示，如图 5.9 所示。

图 5.9　切换成牛肉面的图片

5.1.3　化妆品、首饰类宣传海报

在餐饮行业的例子中，我们探索了更接地气的主题。然而，在商业领域，还有一些产品需要呈现出清新明亮的形象，如化妆品、首饰和奢侈品等。这类宣传海报需要体现令人向往的生活。

步骤 1：构图与元素选择。

首先，设想一下理想中的画面构成。这应该是一个以白色为主的画面，充满阳光、鲜花，展示出一种非凡的生活品质。例如，我们可以输入“一瓶金色护肤精华液和一朵白玫瑰”，以此作为画面的主要元素，如图 5.10 所示。

步骤 2：优化元素和视觉效果。

尽管白玫瑰和精华液已经出现在画面中，但缺少了阳光的温暖，同时，使用白色大理石作为桌面可能更能增加质感。因此，我们可以更详细地描述场景：“一个开阔且明亮的桌面场景，左右两侧为空白。阳光从左侧照射进来，整个场景沐浴在柔和而明亮的金色光芒中。白色桌面两侧留白，中央摆放着一瓶金色护肤精华液和一朵白玫瑰，阳光通过玻璃反射。”

图 5.10　一瓶金色的护肤精华液和一朵白玫瑰

提示词：“ An open and bright desktop scene with blank left and right sides. The sun shines in from the left, and the whole scene is shrouded in soft bright gold. The white tabletop is left blank on both sides. In the middle of the white tabletop is a bottle of gold skin care essence and a white rose. The sunlight reflects through the glass. ”

将此描述发送给 Midjourney 后，我们得到了如图 5.11 所示的图像。

效果宛如清新明媚的午后，阳光懒洋洋地透过窗户洒进室内，带来一份宁静与舒适。

步骤 3：定义风格。

此步骤中，我们将引入一些风格定义，例如采用“商业产品摄影”风格，并在提示词末尾添加比例参数，“--ar 2:3”，以优化图像比例。

图 5.11 优化元素及画面提示

完整的提示词： Commercial product photograph, an open and bright desktop scene with blank left and right sides. The sun shines in from the left, and the whole scene is shrouded in soft bright gold. The white tabletop is left blank on both sides. In the middle of the white tabletop is a bottle of gold skin care essence and a white rose. The sunlight reflects through the glass, high resolution --ar 2:3

按照这些提示，我们能够创作出图 5.12 这样的作品。与图 5.11 相比，图 5.12 的画面更为简洁，主题突出且更显专业。其调色偏向金黄色调，散发出一种奢华感，非常适合目标为具有一定购买力的女性消费者。而图 5.11 则更符合追求清新风格、预算有限的年轻女性。

综上所述，通过针对不同市场受众微调提示词，我们可以创作出更加贴合目标群体的图片。

完成图像创作后，若用于产品宣传，可以通过 Photoshop 调整，将图中产品替换为自家产品。若用于活动海报且不需要特别强调某一产品，直接添加活动内容的文字说明即可。

图 5.12　增加风格定义

5.2　文化海报

文化海报，广泛应用于各类文化活动的宣传与推广，例如学校的社团活动、体育馆和音乐厅的比赛或演出，以及庆祝二十四节气和各种传统节日等。如何巧妙设计这类海报呢？

我们接下来将以不同的节日为主题，展示如何制作一系列充满故事感的人物图像海报。真实人像的使用能显著提升海报的吸引力和感染力，但涉及人物形象授权和拍摄通常较为烦琐。此时，利用 Midjourney 便能有效规避版权和肖像权的风险，显著降低制作成本，同时提升制作效率。

以父亲节为例，无论是官方媒体还是商家的推广，都离不开一张触动人心的海报。我们寻求展现父爱的温暖和安全感，例如，一个孩子被父亲扛在肩上，一起眺望远方的温馨场景。

提示词：Focus on an Asian father and his child, happy, a child sat on his father's shoulder, sunny, blue sky, soft light, center composition, dream of the sky, close-up, third-person view, fuji film --ar 3:4 --v 6.0[⊖]

中文含义：聚焦于亚洲父亲和他的孩子，快乐，一个孩子坐在父亲的肩膀上，阳光明媚，蓝天，柔和的光线，中心构图，梦幻的天空，特写，第三人称视角，富士胶片相机。

海报参考文案：时光不老，与你仍旧紧靠。

海报的画面效果如图 5.13 所示。对于父亲节海报，我们也可以采取相似的处理方法。一个充满温情的场景，通过“聚焦”技术，画面主要集中在主题人物上。同时，采用“中心构图”策略，人物置于画面中央，为后续添加文字留出空间。

图 5.13　父亲节主题海报

⊖ 从本节起前文出现过的提示词参数不再翻译，参数具体含义详见 3.2 节。

如果是儿童节，展现孩子们的欢笑和纯真变得尤为重要。单纯的写实可能不足以表达这种氛围，我们还需要加入一些创意。例如，让我们幻想孩子们能够飞翔，他们飞到了天空，与云朵为伴，笑容满面——这不正是儿童节所要传达的精神吗？

提示词：A group of Asian children smile, surrounded by clouds, dreamy, center composition, third-person view, fuji film --ar 3:4 --v 6.0

中文含义：一群亚洲儿童在云的包围下，开心的笑容，梦幻的，中心构图，第三方视角，富士胶片相机。

海报参考文案：欢度六一，单纯快乐。

海报的画面效果如图 5.14 所示。

图 5.14 儿童节主题海报

至于情人节——无论是 2 月 14 日的西方情人节、中国的七夕节还是 5 月 20 日的情人节——商家和各类组织机构通常会推出相应的主题海报。对于这类海报，画面需要充满柔情蜜意的氛围，如图 5.15 所示。以下为提示词示例和文案参考。

图 5.15 情人节主题海报

提示词：Chinese couple look at each other, modern, soft light, in the style of dreamy romanticism, center composition, third-person view --ar 3:4 --v 6.0

中文含义：中国情侣对视，现代，柔和的光线，梦幻浪漫主义风格，中心构图，第三人称视角。

海报参考文案：遇见你，爱上你，在一起，不分离。

5.3 公益海报

公益海报涵盖了众多主题，如环境保护、动物保护、交通安全、敬老爱幼等。下面我们使用 Midjourney 工具，尝试创作一系列公益海报。

记得有一句关于保护水资源的口号："别让人类的眼泪，成为世界上的最后一滴水"，这句话深深触动了我们。基于这个主题，我们设想一个场景：一位女孩因极度缺水而感到极度疲惫和绝望，她四处寻找可饮用的水源，但徒劳无功。最终，她流下了悔恨的泪水——为曾经浪费的宝贵水资源感到后悔。这样的情景将激发我们设计一幅深具意义的海报。

提示词： 1 Chinese girl, a drop of tear on her dry and tired face, back ground desert --ar 3:4 --v 6.0

中文含义： 一个中国女孩，一滴眼泪在她疲惫且干燥的脸上，背景是沙漠。

海报参考文案： 别让我们的眼泪，成为世界上最后一滴干净的水。

海报的画面效果如图 5.16 所示。

图 5.16　环保主题海报

除了环保，“反战”也是公益海报的一个重要主题。在这个方向上，我们容易想到：战争使许多人付出了巨大的牺牲，不仅是军人，还有无辜的平民，特别是孩子们。我们不妨构思一个形象——一个天真未泯但被迫卷入战争的小男孩。他的背包上挂着一只小熊玩偶，象征着纯真的童年；而另一侧，他背负着长枪，显示出战争的残酷。这一对比强烈的形象，将被我们巧妙地融入海报设计中，背景是战后的废墟，旨在传达和平的重要性，如图 5.17 所示。

图 5.17 反战主题海报

提示词： Back shot of a little boy in rags, he is carrying rifle on his left shoulder, carrying a schoolbag with a bear on his right shoulder, battlefield ruins, collapsed buildings, realistic, insane detailed --ar 2:3 --style raw

中文含义： 一个衣衫褴褛的小男孩的背影，他左肩扛着步枪，右肩背着一个书包，右肩上有一只熊，战场废墟，倒塌的建筑物，逼真，极致的细节。

海报参考文案： 别让孩子也遭受战争的苦难。

5.4 本章小结

本章详细介绍了如何设计各种类型的海报，涵盖商业、文化和公益主题。需要强调的是，我们重点是讨论如何创作海报的视觉底图，这些底图以主题鲜明、视觉冲击力强为特点，要将这些底图转化为完整的海报，只需使用图像编辑工具稍加文字和排版即可。

本章带领读者，从接到海报设计任务开始，引导你想象和构思画面元素及布局。再展示如何通过优化设计提示词，逐步精细化图像，包括增加氛围和风格描述，直至满足视觉冲击和信息传达的需求。通过本章的指导，读者不仅能够学习到具体的设计流程，还能够根据个人需求调整，形成独特的工作流程和主题库，为将来的创作提供便利。

除了深入探讨商业海报的设计方法，本章也分享了文化和公益海报的创作思路。如果有兴趣尝试这些主题，可以先跟随我们的步骤尝试自己设计提示词，或者对本章提供的提示词根据需要进行调整。在优化和调试之后，读者能够创作出更加符合个人主题需求的海报底图。

第6章

Logo 制作

Logo——无论是标识还是徽标——在商业活动中扮演着不可或缺的角色。不管是组建一个新的团队、社团、公司，还是推出一系列新产品，Logo 总是关键的一环。它简洁明了地传达了我们的精神和文化内涵，但这种简洁背后，往往需要无数次的尝试和大量的时间投入才能达到。每个人对文化、审美和艺术的理解千差万别，这让 Logo 的设计变得更加复杂。

“我虽然说不出我想要什么，但我知道这不是我想要的。”这样的反馈促使设计师不断修改，经历无数次的尝试后，才可能接近理想中的 Logo。然而，这一过程中既耗费时间也耗费金钱，对于众多微型企业、个体创业者和自由职业者来说，高昂的成本常常让人望而却步，有时不得不勉强接受一个并不满意的设计。

幸运的是，随着 Midjourney 的出现，这一切都将变得不同。Midjourney 能够迅速、无限制地生成各种风格、美观且寓意深刻的 Logo 设计，而且完全不会抱怨。这意味着，不再需要长时间的等待和昂贵的成本，任何人都可以轻松找到真正适合自己的 Logo。这无疑为寻找完美 Logo 的旅程带来了前所未有的便利和效率。

6.1 按类型制作 Logo

6.1.1 抽象简洁风格

提示词：Flat vector Logo of a curved wave, blue, trending on Dribbble[㊀]

㊀ Dribbble 是一个用于展示用户制作的艺术作品的线上社群，同时也是用于推广平面设计、网页设计、插画、摄影等其他创造性领域的商业社交平台。

中文含义：一个带曲线的海浪平面矢量 Logo，蓝色，在 Dribbble 上流行的。

Logo 这个关键词的引入，意味着产生的将是风格简洁、背景单色的图形设计。而“平面矢量”（flat vector）的指定，进一步明确了设计必须为矢量图形，这不仅缩小了 Logo 的设计范畴，也避免了可能出现的三维或非矢量图形的 Logo 设计。选用蓝色，通常是为了赋予设计一种稳定、安全、和谐的感觉。提到“在 Dribbble 上流行”，就意味着所生成的图像将借鉴于 Dribbble——一个受众广泛的专业设计师社区的流行设计风格，确保设计不会过于前卫而显得不合时宜。

当我们在 Midjourney 上提交上述关键词后，便可获得如图 6.1 所示的 Logo 设计。这样的 Logo 设计简约而优雅，非常适合与海洋相关的行业。

图 6.1 抽象简洁风格 Logo

通过改变关键词，例如将 Logo 的主题从海浪更换为火焰或云朵，我们同样能够创造出具有相似风格和氛围的图形设计，如图 6.2 所示。

6.1.2 黑金线条风格

提示词：Line art Logo of an owl, golden, minimal, solid black background

中文含义：鹰图形的线条艺术 Logo，金黄色、极简的，全黑背景。

图 6.2 保留风格，更换关键词效果展示

线条艺术让 Logo 设计更加精简，仅用线条勾勒出图形。在这里，“ owl”被设定为生成图案的主题——一只鹰，当然，我们也可以轻松更换成其他任何主题。金黄色的选用突出了图案的主体颜色，而全黑的背景和“最小的”则强调了设计的简约风格。

通过向 Midjourney 提交提示词，我们获得了如图 6.3 所示的 Logo。Logo 展现出了高度一致的风格：黑色背景配以金黄色线条，非常适合追求尊贵气质、面向高端市场的品牌。

图 6.3 黑金线条风格 Logo

此外，这种风格不仅限于鹰的图案。我们同样可以应用它来创造其他主题的

图案，例如动物（如狼）或者物体（如钻石），如图 6.4 所示。

图 6.4　套用风格生成其他物体

6.1.3　渐变色彩风格

提示词：Gradient color Logo, flower, petal

中文含义：渐变色 Logo，花，花瓣。

用这一组提示词，我们能够创造出各式各样的渐变色图案，可以是生机勃勃的花朵，也可以是充满活力的圆环图案，如图 6.5 所示。这样的设计特别适合那些充满朝气、年轻人居多、活力四射的行业，例如教育界和创新型公司。

图 6.5　渐变色彩风格 Logo

6.1.4 绿色环保

提示词： Organic Logo, shape of a leaf

中文含义： 代表有机的 Logo，一棵树的形状。

以绿色调为主的 Logo 设计，如图 6.6 所示，散发出生命力蓬勃、自然和谐、可持续发展的氛围，非常匹配农业和环保领域的企业形象。

图 6.6 绿色环保风格 Logo

6.1.5 美式复古风格

提示词： Vintage Logo emblem, retro color, manor, grapes

中文含义： 复古的 Logo，徽标，复古的颜色，庄园，葡萄。

对于那些扎根于西方文化、并希望展示自身深厚历史底蕴和文化积淀的公司，如葡萄酒制造商等，采用图 6.7 中展示的风格和色调将是完美的选择。

通过将关键词替换为“汽车”“西部牛仔”等，同样能够创作出引人注目的效果。

6.1.6 淡雅花色风格

提示词： Elegant and feminine Logo for a florist, pastel color, minimal

中文含义： 花店用的优雅的女性化 Logo，蜡笔画颜色，极简的。

图 6.7　美式复古风格 Logo

如图 6.8 所示，以花朵为核心的 Logo 设计，色彩柔和，流露出一种优雅、知性和美丽大方的韵味，非常适合花卉行业，包括鲜花店、花卉种植及养殖、插花艺术培训等。

图 6.8　淡雅花色风格 Logo

6.1.7 波希米亚风格

提示词： Bohemian style Logo design, sun and wave

中文含义： 波希米亚风格的 Logo，太阳和波浪。

波希米亚风格持续在时尚界占据一席之地，如图 6.9 所示，融合了波希米亚的民族特色和流行元素，演绎出一种自由、时尚、浪漫的风格。利用这种风格，我们可以创作出太阳、海浪、花朵及花纹等多样的图案。

图 6.9 波希米亚风格 Logo

采用这种既时尚又具有民族特色的 Logo 设计，非常适合服装行业，如服装、帽子、丝巾等，充满时尚气息。

6.1.8 霓虹图案风格

提示词： Outline Logo of a bar, a glass of cocktail, flat design, neon light, dark background

中文含义： 酒吧的 Logo，一杯鸡尾酒，平面设计，霓虹灯，深色背景。

这款霓虹灯效果的图案（见图 6.10）极具吸引力，非常适合年轻人频繁光顾的夜生活场所，如酒吧和夜店。我们还可以将这种风格应用到其他元素上，如摩托车或电子游戏，营造出独特的赛博朋克氛围。

图 6.10　霓虹图案风格 Logo

6.1.9　简约线条风格

提示词： Line art, minimal Logo of a sail boat and waves

中文含义： 线条艺术，有帆船和波浪的极简 Logo。

这种设计风格，利用简单而精确的线条，能够轻松勾勒出所需的物品和形象，堪称极简艺术的典范。举个例子，Midjourney 公司的标志就采用了这种风格，以极简的帆船和波浪线条呈现，非常适合艺术、文化或互联网高科技行业，传达出简洁明了的品牌形象（如图 6.11 所示）。

这种设计风格的应用范围相当广泛，不仅限于船只和波浪，还可以扩展到各种动物（如鸟、猫、狗）和物体（如钻石、山峰），都能展现出令人印象深刻的效果。

6.1.10　小结

前文已经向大家展示了九种风格迥异的 Logo 设计方法，每种都拥有其独特的文化底蕴和情感寓意，因此它们适用于不同的场景和行业。我们鼓励大家尝试多种风格的 Logo 设计，以找到最符合公司文化或目标消费者喜好的那一个，再通过广泛的探索和实践，我们定能够精心挑选出最理想的 Logo。

图 6.11 简约线条风格 Logo

一般来说，主要有两种 Logo 的设计方法。第一种，可以根据特定的 Logo 风格和类型进行创作，例如“线条艺术 Logo，船”等。第二种，如果对艺术风格和表现形式不太熟悉，可以让设计工具如 Midjourney 根据需求为我们推荐合适的 Logo 设计，它们往往囊括了特定的风格和偏好，例如“花店的 Logo/ 酒吧的 Logo”等。

如果你对艺术风格有一定的了解，或者愿意通过教程书籍来深入学习，那么自己挑选喜欢且合适的风格，用第一种方式生成 Logo 效果会是一个不错的选择。当 Logo 的基本图形设计完成后，再为其添加与图像相匹配的公司或产品名称，这样一来，一个独特的 Logo 就迅速诞生了。

6.2 按主题制作 Logo

在上一节，我们探讨了生成多种风格 Logo 的技巧。然而，会有读者反映，这种学习方式可能显得有些零散。他们好奇，是否可以通过一个具体的案例，比如针对一个特定的企业，来展示 Logo 的设计过程呢？答案是肯定的。

6.2.1 按用途生成 Logo

接下来，我们将以一家虚构的咖啡店为例，探讨如何深挖品牌文化，寻找创新点，设计出既符合品牌文化又具有独特魅力的 Logo。根据前文所述，我们首先尝试使用“ Logo for café” 和 “ a Logo for coffee shop” 等作为提示词进行创作，希望找到一些灵感。

结果如图 6.12 所示，尽管这些 Logo 设计精致且完成度高，风格却千差万别。显然，要找到那个“恰到好处”的 Logo，可能需要反复尝试，进行多次“抽卡”，以期待出现几个相对理想的选项。

图 6.12 按用途来生成 Logo

因此，对于初学者或在初期阶段还没有明确偏好的设计师来说，这种方法很适合用来进行头脑风暴，从他人的设计中寻找灵感和可用元素。然而，如果想要更加高效且目标明确地设计 Logo，我们建议深入挖掘品牌的文化内涵，找出代表咖啡店最鲜明的文化特征和象征，并选择最匹配的风格来表达，这样更容易接近理想中的 Logo 设计。例如，对于咖啡店而言，将咖啡和托盘融入 Logo 设计便是一种常见且有效的方式。

6.2.2 按类型生成 Logo

我们得到了图 6.13 所示的作品，每幅图都巧妙地将一杯散发香气的咖啡及其艺术化处理融为一体。如果这种设计风格吸引了你，只需稍加修改，如添加自家咖啡店的名称，即可将其转化为个性化的图案。

提示词： Vector graphic Logo, coffee cup, minimal

中文含义： 矢量图 Logo，咖啡杯，极简的。

图 6.13 按类型生成 Logo

然而，这样的设计或许显得有些普通。为了增添特色，我们尝试引入了设计界巨匠的风采，例如，融入了苹果公司标志性 Logo 设计师 Rob Janoff 的创意。

提示词： Logo, vector graphic Logo of coffee, simple, minimal, by Rob Janoff --no realistic photo detail --s 1000

中文含义： Logo，咖啡矢量图 Logo，简单的，极简的，参考 Rob Janoff 设计，不要现实图像的细节。

如图 6.14 所示，经过这样的改造后，作品风格更为鲜明，带有轻微的 2.5D 效果，其中一幅甚至巧妙地描绘了咖啡叶自咖啡豆种子中生长出的景象。如果你有偏爱的艺术家，不妨尝试结合他们的风格，看看能否产生令人满意的效果。

提示词： Minimal Logo, coffee, Logo, linear art , simple, --no realistic photo details

中文含义： 极简的 Logo，咖啡，Logo，线条艺术，简单的，没有真实照片细节。

我们探索了线条艺术的简约之美，结果是图6.15所示的Logo，采用了纯净背景与线条勾勒，展现了极简主义的魅力。

图6.14　提示词加上艺术家的名字

图6.15　简约的线条艺术

继而，我们再尝试渐变色效果。

提示词： Design a gradient Logo , coffee, professional minimal design, vector Logo

中文含义： 设计一个渐变色的 Logo，咖啡，专业的极简的设计，矢量图。

得到了图 6.16 展示的 Logo，它们不仅包含单色系渐变，还有多色渐变，特别是右下角的作品，其色彩融合效果尤为引人注目。

图 6.16　渐变色的 Logo

我们生成的大多数 Logo 未包含文字。要将其转化为正式的品牌标识，需要在设计中巧妙地融入品牌名称，选用合适的字体和颜色，确保整体和谐。

若直接在原有图案中添加文字感到有难度，我们还可以先制作带文字的咖啡店 Logo，然后将原有文字去除，模仿原图的文字风格和颜色，添加新的品牌名称，这种方法相对简单。这样不仅提升了完成度，还保留了 Logo 的个性化特征。如何生成这样既高质又具品牌特色的 Logo 呢？通过添加两个关键词："专业设计"和"文字"。

提示词： Logo, Vector graphic Logo of coffee, creative, simple, minimal, professional design, text

中文含义：Logo，咖啡矢量图 Logo，有创意的，简单的，极简的，专业设计，文字。

这样，我们就可以在任何 Logo 提示词的基础上，生成具有更高完成度和带文字元素的 Logo，如图 6.17 所示的那样。

图 6.17 带文字元素的 Logo

以上就是围绕咖啡店主题创造 Logo 的方法，你可以直接添加提示词“咖啡店 Logo”，这样系统就会提供满足咖啡店主题的 Logo 设计。为了获得更加贴合咖啡店文化气质的图像，你可以在提示词中明确指定风格类型、艺术家或 Logo 的主体。这样做就可以更精准地定制符合你需求的 Logo。

6.3 本章小结

本章深入探讨了 Logo 制作的两种主要方法。第一种方法是基于 Logo 类型的设计，例如抽象简洁、黑金线条、渐变色彩等。通过使用这些提示词模板，并更改提示词主体所需展示的元素，你可以创造出既美观又具艺术感的 Logo。由于篇幅限制，我们无法列举所有类型的 Logo 模板。因此，还可以采用第二种方法，直接描述你想要的 Logo 元素（例如咖啡杯）或特定用途（例如用于咖啡店），而不设置风格限制。这样做可以“抽取”可能的 Logo 设计，寻找适合自己的参考。

传统上，寻找合适且美观的 Logo 可能需要大量的时间和金钱投入。幸运的是，Midjourney 在这个过程中为我们提供了众多选择和示例，大大缩短了寻找合适 Logo 的时间。特别是对于个人或小团队创业者而言，使用 Midjourney 可以帮助他们获得既美观又具有艺术性的 Logo，节省大量时间和资金，从而将资源集中在更重要的产品和业务发展上。

第7章

制作其他常见图像

在前几章中，我们已经掌握了如何利用 Midjourney 创作头像、海报和 Logo 等精彩图像。Midjourney 同样在摄影、插画和壁纸制作方面展示了其强大的能力，仅需简单的提示词，就能够创作出引人注目的作品。例如，我们可以借助 Midjourney 设计艺术照、证件照和壁纸等。

本章将不再逐步指导操作，而是通过提供精选的提示词和示例图，帮助读者探索更多样化和主题丰富的创作实践。你可以根据这些提示词框架，自由调整图像元素和背景描述，创作出独一无二、更符合个人风格的作品。

7.1 摄影作品制作

在传统摄影中，拍摄高质量的照片，如婚纱照和职业照，往往需要前往专业的摄影工作室，并支付高昂的费用。现在，借助 Midjourney，我们可以轻松生成具有专业美感的摄影作品，既节省了成本，又提供了无限的创意可能性。

7.1.1 证件照 / 职业照

证件照是我们生活中不可或缺的一部分，无论是入职、体检、入学还是报考，我们都经常需要提供证件照。过去，这通常意味着我们需要前往附近的照相馆，拍摄并洗印出标准的白底、蓝底或红底照片。

然而，随着 AI 绘画技术的发展，现在我们可以在家中轻松制作出既美观又专业的证件照，而且无须额外费用、化妆或购买西装。按照以下步骤，你可以逐步实现这一目标。

步骤 1：生成证件照。

首先，使用 Midjourney 工具，根据需要输入相关的提示词来生成证件照。

提示词：Pure white background, business photo, identification photo, a half body portrait with frontal view, Chinese man, black suit, tie, short hair, unobscured --ar 2:3

中文含义：纯白色背景，商业图片，证件照片，正面半身肖像，中国男人，黑色西装，领带，短头发，不被遮挡的。

这样，你将获得一张标准的商务精英风格的男士证件照，适合用于各种场合，如图 7.1 所示。

图 7.1　生成证件照

步骤 2：上传图片。

如果生成的图片在布局和样式上符合要求，但与本人的相似度不高，不必担心。你可以使用之前介绍过的 InsightFaceSwap 工具来解决这个问题。请参照本书第 4 章“神似本人的头像”部分，找到具体的操作步骤。然后，选取一张面部正对前方、五官清晰、无刘海、眼镜或其他物品遮挡的照片，使用“/saveid”命令上传至 InsightFaceSwap，如图 7.2 所示。

图 7.2 用 saveid 指令上传自拍图

步骤 3：换脸。

选择你喜欢的证件照样式，点击 U1-U4 放大，并通过右键选择“App”-“INSwapper”完成换脸过程，如图 7.3 所示。

图 7.3 左图为自拍，中，右图为 AI 证件照效果

步骤 4：女生。

女性朋友同样可以生成专属的证件照。只需在关键词选择上做适当调整，例如将“Chinese Man”改为“Chinese Woman”“short hair”改为“ponytail”(根据个人发型调整)，即可轻松获得个性化的证件照，如图 7.4 所示。

提示词： Pure white background, business photo, identification photo, a half body portrait with frontal view, Chinese woman, black suit, ponytail, show ears --ar 2:3

中文含义： 纯白色背景，商业图片，证件照片，正面半身肖像，中国女性，黑色西装，马尾，露耳朵。

图 7.4 女生的 AI 证件照效果示例

步骤 5：拓展。

此外，这套方法还允许我们创造个人的职业形象照，通常展现的是身着西装的全身像。只需简单调整提示词，例如将“半身（half body)”修改为“全身（full body)”，同时，发型、服装和姿势也可以按需设定。

小提示：为了获得更佳的换脸效果，请注意以下三个要点：

1）确保上传的原照片五官清晰可见，光线充足，图像质量高；

2）选择的待换脸照片最好与原照片在风格、脸型、发型上尽可能相似；

3）如果换脸效果未达预期，尝试更换不同的原图或待换脸图像，并多尝试几次。

7.1.2 儿童艺术照

给孩子拍摄艺术照是许多家长的愿望，旨在捕捉他们天真烂漫的瞬间，留作永恒的记忆。然而，传统的摄影过程不仅耗时且成本高昂，孩子们也难以长时间保持配合。现在，有了 Midjourney，仅需一张孩子的照片，我们便能轻松制作出迷人的儿童艺术照。

步骤 1：生成艺术照的基础图像。

1. 青花书画风

提示词： 5-year-old Chinese girl, blue and white porcelain Hanfu, blue Hanfu, full body, sitting, writing brush calligraphy, Chinese traditional elements, Song dynasty painting style --ar 3:4

中文含义： 5 岁的中国小女孩，青花瓷汉服，蓝色汉服，全身，坐着，书法，中国传统元素，宋朝绘画风格。效果如图 7.5 所示。

图 7.5　青花书画风艺术照

2. 粉色古装风

提示词：5-year-old Chinese girl, holding pink Chinese umbrella, beautiful delicate longleeved Chinese dress, lovely face, ancient style, Tang dynasty style, Chinese traditional elements, soft sunlight, super details --ar 3:4

中文含义：5 岁的中国小女孩，拿着粉色的中式雨伞，精美的长袖的中式长裙，可爱的脸庞，古典风格，唐朝风格，中国传统元素，柔和的阳光，超级细节。

效果如图 7.6 所示。

3. 少数民族风

提示词：5-year-old girl holding a bouquet of flowers, with Xinjiang clothing, photorealistic techniques，cute and dreamy，8k resolution --ar 3:4

中文含义：5 岁的中国小女孩，捧着一束玫瑰，新疆服装样式，真实照片技术，可爱的，梦幻的，8k 分辨率。

效果如图 7.7 所示。

图 7.6　粉色古装风艺术照

图 7.7　少数民族风艺术照

4. 森系精灵风

提示词： 5-year-old Chinese girl, in a luminous dress, big elf wings, in the forest, smile at the camera, hyper-detailed, full body --ar 3:4

中文含义： 5 岁的中国小女孩，穿着发光的裙子，大的精灵翅膀，在森林中，对着镜头微笑，超精细，全身。

效果如图 7.8 所示。

图 7.8　森系精灵风艺术照

5. 海底人鱼风

提示词： 5-year-old Chinese girl, wearing a sparkling fringed long skirt, smile, dynamic pose, surrounded by fish and coral, underwater world scene, playful energy, romantic soft focus ethereal style, film shot, studio lighting --ar 3:4

中文含义： 5 岁的中国小女孩，穿着闪闪发光的流苏长裙，微笑着，动感的姿势，被鱼群和珊瑚包围，在水下的场景，玩耍的，有活力的，浪漫缥缈的柔焦，影视级别镜头，工作室打光。

效果如图 7.9 所示。

图 7.9 海底人鱼风艺术照

步骤 2：人脸替换。

首先，通过输入 saveid 指令并上传孩子的照片，将其 ID 设置为“kid”，如图 7.10 所示。其次，从我们之前生成的图片中挑选一个脸型与孩子相似的图片。通过点击 U1-U4，我们可以放大查看这些图片。最后，右键点击选中的图片，依次选择“APP”→“INS-wapper”功能进行人脸替换。这样，我们就能得到一张孩子的艺术风格照片，如图 7.11 所示。

图 7.10 上传孩子的照片

图 7.11　艺术照"换脸"后效果展示

7.2　插画设计制作

提到插画，我们往往首先想到的是儿童故事书中的插图。这是因为插画能使故事更加通俗易懂，增加小读者对故事的兴趣和喜爱。不仅限于儿童读物，小说和故事书中的插画也同样能让故事内容更加生动、角色更加立体。

通常，聘请一位专业的插画设计师至少需要几百元一张插画的费用，有时甚至高达数千至数万元。但如果我们能自行设计和制作插画，就能大幅节省这部分成本。特别是对于自己的书籍或文章，当我们清楚自己想要传达的情绪和元素时，使用 Midjourney 来创作插画不仅能节省沟通成本，也能大幅降低金钱开销。

接下来，我们介绍几种常见的插画风格，并分享相应的设计与制作方法。

7.2.1　儿童治愈系

1. 白底极简动物

提示词： Hedgehog eats four strawberries and a bug for breakfast, animal in the center of the white background, lath designs illustrations, childlike style, minimalist, stick figure style, charming, black lines, black and white --ar 3:2 --niji 5

中文含义： 刺猬早餐吃四个草莓和一只虫子，以动物为中心，白色背景，板条设计插图，童趣风格，极简主义，简笔画风格，迷人，黑色线条，黑白。

效果如图 7.12 所示。

图 7.12 白底极简动物插画

2. 北欧童话风

提示词： A rabbit lay down to sleep on a big mushroom, stars and moon on it. Flowers of all sizes and colors around, Nordic illustration styles, Nordic folk art, giving the scene a whimsical feel, fine colors, minimalism, children's illustration, cute, white background --ar 3:2 --niji 5

中文含义： 一只兔子躺在一个大蘑菇上睡觉，上面有星星和月亮。周围各种大小和颜色的花朵，北欧插画风格，北欧民间艺术，异想天开的场景，色彩细腻，极简主义，儿童插画，可爱，白色背景 。效果如图 7.13 所示。

图 7.13 北欧童话风插画

3. 水彩画风

提示词： A little frog use a microphone to practice singing at home, cartoon, wearing a suit, watercolor style, delicate colors, rich details, children's illustration, cute appearance, minimalism, white background --niji 5 --ar 3:2

中文含义： 小青蛙在家用麦克风练习唱歌，卡通，穿西装，水彩风格，色彩细腻，细节丰富，儿童插画，可爱外观，极简，白色背景。

效果如图 7.14 所示。

图 7.14　水彩画风插画

4. 粉彩画风

提示词： Big dog sleeps in a home with a big clock, pastel style, Cicely Mary Barker style, magic, romance, fantasy atmosphere, bold tone, rich color layers, pastel hand-painted, children's book illustration, white background --ar 3:2 --niji 5

中文含义： 大狗睡在有大钟的家里，柔和的风格，西塞莉 · 玛丽 · 巴克风格，魔幻，浪漫，奇幻氛围，色调大胆，色彩层次丰富，粉彩手绘，儿童书籍插图，白色背景。

效果如图 7.15 所示。

5. 工笔画风

提示词： A cute cat is catching butterfly by the lake, fine brushwork, soft colors, fresh tones, full of childishness, lively and cute, children's illustration --ar 3:2 --niji 5

中文含义： 一只可爱的猫在湖边抓蝴蝶，工笔细腻，色彩柔和，色调清新，充满童趣，活泼可爱，儿童插画。

效果如图 7.16 所示。

6. 洛可可风格

提示词： A little cat stands on the grass of the garden，rococo style, oil painting style, colorful and beautiful, illustration for children，an expansive view --ar 3:2 --niji 5

图 7.15 粉彩画风插画

图 7.16 工笔画风插画

中文含义：一只小猫站在花园的草地上，洛可可风格，油画风格，色彩鲜艳美丽，儿童插画，视野开阔。

效果如图 7.17 所示。

图 7.17　洛可可风格插画

7.2.2　武侠古风系

1. 功夫招式及对打

单人练功的提示词： A samurai, kung-fu, dynamic angle, movement, Chinese traditional painting style, ink painting --ar 3:2 --no watermark, words

中文含义： 武士，功夫，动态角度，动作，中国画风格，水墨画，3∶2 比例，无水印、文字。

效果如图 7.18 所示。

双人对打的提示词： Two samurai fight with each other, kung-fu, Chinese traditional painting style, ink painting --ar 3:2 --no watermark, words

中文含义： 两个武士打架，功夫，中国画风格，水墨画。

效果如图 7.19 所示。

2. 夕阳剑客背影

提示词： A Chinese sword warrior, on mountain, sunset, ink painting, orange theme --ar 3:2 --niji 5

图 7.18 单人练功武侠风插画

图 7.19 双人对打武侠风插画

中文含义：中国剑客，山上，日落，水墨画，橙色主题。

效果如图 7.20 所示。

图 7.20　夕阳剑客背影插画

3. 男主

提示词：A young man, long hair, Chinese ancient, a sword, grey color , he jiaying --ar 3:4 --niji 5

中文含义：一个年轻人，长发，中国古代，一把剑，灰色，何家英风格。

效果如图 7.21 所示。

图 7.21　武侠风男主

4. 女主

提示词：A Chinese young woman , smiling , holding a dagger , snow , by He Jiaying--ar 3:2 --niji 5

中文含义：一位中国年轻女子，微笑着，拿着匕首，雪，何家英风格。

效果如图 7.22 所示。

图 7.22　武侠风女主

5. 古风建筑（大广场）

提示词：Traditional Chinese arena, big square, lot of spectators, blue sky, white clouds, vista --ar 3:2 --niji 5

中文含义：传统的中国竞技场，大广场，很多观众，蓝天，白云，远景。

效果如图 7.23 所示。

6. 门派总部

提示词：Palace above the mountains, mountains and rivers of ancient Chinese, POV view, grand building --ar 3:2

中文含义：山上的宫殿，中国古代的山水，POV 视图，宏伟的建筑。

效果如图 7.24 所示。

图 7.23　古风建筑插画

图 7.24　门派总部插画

7.2.3　言情小说系

1. 古风情侣小说

提示词： A couple with long hair, Chinese costumes, dreamy and romantic, Chinese traditional painting style --ar 3:2

中文含义：长发情侣，中式服装，梦幻浪漫，中国传统绘画风格。
效果如图 7.25 所示。

图 7.25 古风情侣插画

2. 都市言情

提示词：A Chinese couple, cityscapes, handsome, suit, romantic, manga --ar 3:2
中文含义：中国情侣、城市风光、帅气、西装、浪漫、漫画。
效果如图 7.26 所示。

图 7.26 都市言情插画

3. 玄幻修仙

提示词： A Chinese couple, heroic protagonist, ancient castle, mysterious magic, ethereal sea of clouds, fantasy realism --ar 3:2

中文含义： 中国情侣、英雄主角、古堡、神秘魔法、空灵云海、奇幻现实主义。

效果如图 7.27 所示。

图 7.27　玄幻修仙情侣插画

4. 科幻故事

提示词： A Chinese couple, futuristic city, aliens, spaceship, high-tech devices, futurism --ar 3:2

中文含义： 中国情侣、未来城市、外星人、宇宙飞船、高科技设备、未来主义。

效果如图 7.28 所示。

5. 悬疑推理

提示词： A Chinese couple walk at the street, dark streets, crime scene, mysterious shadow, realism --ar 3:2

中文含义： 中国情侣走在街上，黑暗的街道，犯罪现场，神秘的阴影，现实主义。

效果如图 7.29 所示。

图 7.28 科幻故事情侣插画

图 7.29 悬疑推理情侣插画

7.3 壁纸设计制作

7.3.1 常规类壁纸

1. 抽象艺术线条

提示词 1：Phone wallpaper, empty light background, abstract gradient, magic blues magentas violets orange,8k, --ar 9:16 --s 500

中文含义 1：手机壁纸，空光背景，抽象渐变，魔幻蓝色洋红色紫罗兰橙色，8k。

提示词 2：Simple and ergonomic phone wallpaper in the color of black, organic, gradient --ar 9:16 --s 250

中文含义 2：简单且符合人体工程学的手机壁纸，颜色为黑色、有机、渐变。

效果如图 7.30 所示。

图 7.30 抽象艺术线条壁纸（左图为提示词 1，右图为提示词 2）

2. 自然景观艺术

提示词 1：Phone wallpaper, majestic mountain peaks style minimalistic mountain silhouette in the style of high landscape professional photography, 8k, grandeur, beautiful sky --ar 9:16 --s 250

中文含义 1：手机壁纸，雄伟的山峰风格简约的山脉剪影，高风景专业摄影风格，8k，宏伟，美丽的天空。

提示词 2： Phone wallpaper, simplistic template for a poster, big bold lines, Saudi Arabia, desert --ar 9:16

中文含义 2： 手机壁纸，简单的海报模板，大粗线条，沙特阿拉伯，沙漠。

效果如图 7.31 所示。

图 7.31　自然景观艺术壁纸（左图为提示词 1，右图为提示词 2）

3. 星空宇宙

提示词 1： Mobile phone wallpaper, minimalism, cosmic wallpaper, vast starry sky, dark, simple, mountains with a small proportion of the screen --ar 9:16

中文含义 1： 手机壁纸，极简，宇宙壁纸，浩瀚星空，黑暗，简约，小尺寸屏山脉。

提示词 2： Cellphone wallpaper, beautiful deep muted minimalist purple starfield background, tapered edge, minimalism --ar 9:16 --s 250

中文含义 2： 手机壁纸，美丽的深沉静音简约紫色星空背景，锥形边缘，极简主义。

效果如图 7.32 所示。

图 7.32　星空宇宙壁纸（左图为提示词 1，右图为提示词 2）

4. 简约建筑摄影

提示词 1： Surreal photography, in the style of Moebius, minimalism, fantasy, abstract, heavy use of negative space, minimalism --ar 9:16

中文含义 1： 超现实摄影，莫比斯风格，极简主义，幻想，抽象，大量使用负空间，极简主义。

提示词 2： Mobile wallpaper, minimalist style, excellent photography award-winning work, a lot of white space, space photography, excellent composition, amazing work --ar 9:16

中文含义 2： 手机壁纸，极简风格，优秀摄影获奖作品，大量留白，太空摄影，优秀构图，令人惊叹的作品。

效果如图 7.33 所示。

图 7.33 简约建筑摄影壁纸（左图为提示词 1，右图为提示词 2）

7.3.2 二次元壁纸

1. 宁静风景

提示词： Peaceful anime style wallpaper, gentle colors, soft lines, a serene landscape --ar 9:16 --s 250 --niji 5

中文含义： 静谧的动漫风格壁纸，柔和的色彩，柔软的线条，宁静的风景。

效果如图 7.34 所示。

2. 撞色酷炫

提示词： Dynamic anime style wallpaper, cool, high contrast color scheme --ar 9:16 --s 250 --niji 5

中文含义： 动态动漫风格壁纸，炫酷，高对比度配色方案。

效果如图 7.35 所示。

图 7.34　宁静风景壁纸

图 7.35　撞色酷炫壁纸

3. 软萌可爱

提示词： 1 kawaii girl, big bright eyes, cute anime style wallpaper, bright, warm colors, adorable characters --ar 9:16 --s 250 --niji 5

中文含义： 1 个可爱的女孩，明亮的大眼睛，可爱的动漫风格壁纸，明亮，温暖的色彩，可爱的角色。

效果如图 7.36 所示。

图 7.36 软萌可爱壁纸

4. 纯净唯美

提示词： 1 girl, soothing anime style wallpaper, delicate colors, soft lines, light blue theme --ar 9:16 --s 250 --niji 5

中文含义： 1 个女孩，舒缓的动漫风格壁纸，色彩细腻，线条柔和，浅蓝色主题。

效果如图 7.37 所示。

图 7.37　纯净唯美壁纸

5. 神秘暗黑

提示词： 1 girl, dark and mysterious anime style wallpaper, deep colors, shadows --ar 9:16 --s 250 --niji 5

中文含义： 1 个女孩，黑暗而神秘的动漫风格壁纸，深色，阴影。

效果如图 7.38 所示。

6. 国漫人物

提示词： 1 girl, Chinese anime style wallpaper, traditional elements, vibrant colors, a serene landscape --ar 9:16 --s 250 --niji 5

中文含义： 1 个女孩，中国动漫风格壁纸，传统元素，鲜艳的色彩，宁静的风景。

效果如图 7.39 所示。

图 7.38 神秘暗黑壁纸

图 7.39 国漫人物壁纸

提示：在本节中，我们探讨了针对手机壁纸设计的各种风格和创意提示词，这些设计默认采用了 9 : 16 的画面比例。然而，若你希望创建适用于电脑屏幕的壁纸，简单调整提示中的画面比例至 16 : 9（使用参数 --ar 16:9）或 4 : 3（使用参数 --ar 4:3）即可轻松适配。

7.4　本章小结

本章首先介绍了摄影作品的制作流程，如证件照和儿童艺术照。这一过程与头像制作颇为相似，先创建指定风格的写实图像，然后通过换脸技术或参考图片来制作证件照和艺术照。

其次，我们深入探讨了插画的创作方法，提供了三种风格的图像生成模板：儿童治愈系、武侠古风系，以及言情小说系。可以根据这些模板中的提示词，适度调整人物或画面元素，同时保留其风格和主题，以创作出类似的图像。特别注意，在设计涉及故事情节的插画时，保持人物特征的连贯性至关重要，以确保主角形象的一致性。我们将在第 8 章的“保持人物一致性”小节中，对此进行更详细的介绍。

最后，本章介绍了两大类壁纸设计的提示词：一类是常规壁纸，包括抽象线条、自然景观、星空宇宙等；另一类则是二次元风格，涵盖了宁静祥和的风景、撞色、软萌、唯美、暗黑、国风等主题的动漫壁纸。壁纸的创作过程相对简单，只需选用合适的提示词即可轻松生成美观的设计。我们鼓励读者亲自实践，尝试不同的人物、场景和元素描述，以找到更符合个人喜好的壁纸设计。

尽管本章的图像生成技巧相对基础，但通过不断的实践和积累，读者可以逐步掌握更多不同主题和风格的图像创作技巧，为日后的设计工作提供丰富的素材和灵感。

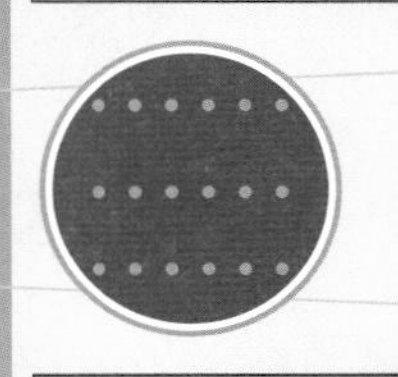

进阶操作篇

通过前两篇的介绍，相信读者已经掌握了如何利用 Midjourney 制作出美轮美奂的图像，并将其应用到日常工作和生活的简单场景里。但 Midjourney 的能力远不止于此。在本篇，我们将深入探讨如何结合多种工具，让 Midjourney 在更加复杂的场景中大放异彩，它不仅能提升我们的工作效率，还有可能助你一臂之力，开展副业，实现财富增值。

第 8 章

绘本制作

对于 1～6 岁的孩子们而言，他们对阅读纯文字的书籍兴趣不大，反而更喜欢图文并茂的故事书。许多生活智慧和道理都是通过这些五彩缤纷的绘本传达给他们的。然而，一本仅有十几页的绘本售价动辄数十元，一年下来，家长们可能需要为孩子购买数十本书籍，花费不菲。

幸运的是，有了 Midjourney，我们就能轻松创作出无限数量的绘本。无论是哪种故事类型，哪种风格的绘本，只要我们愿意，皆可创作。我们甚至可以邀请孩子们参与创作，鼓励他们构思自己喜欢的故事，绘制出他们心中充满奇幻的世界，从而激发他们的创造力和想象力。

那么，如何编写绘本故事呢，如何创作绘本插画，又该如何保证绘本人物的一致性呢？不用担心，本章将逐一解答这些问题。

8.1 绘本是什么

绘本是一种特别为儿童设计的图书，以图文并茂的形式呈现，富含插图和简洁文字。这些插图不仅装饰页面，更是故事讲述的核心，与文字紧密配合，共同展现故事情节和情感。

针对幼儿及低龄儿童，绘本语言浅显，故事充满教育意义，助力孩子学习道德、社交及自然科学等基本知识。多样化的绘本内容让儿童了解世界，激发好奇心与想象力，成为他们认识世界的窗口。

绘本题材广泛，涵盖童话、现代故事、历史、科学乃至艺术和哲学等。它也是加强家长与孩子互动的桥梁，共读绘本不仅增进亲子关系，还帮助父母理解孩子的思想和情感。

然而，绘本存在一个挑战：孩子可能很快对同一本书失去兴趣。随着孩子成长，他们需要接触更多种类的绘本。过去，这意味着花费大量时间和金钱购买、租借或交换绘本。现在，仅需动动手指，就能创作出孩子喜欢的绘本内容。

8.2 保持人物的一致性

通过前面的章节，读者应已经能够轻松制作精美的图片。但由于 AI 生成图片的随机性，未指定具体人物时生成的每张图片几乎都是不同的角色[㊀]。这对于制作具有连续性的绘本内容，需要固定角色的情况构成了挑战，因为这影响到故事的代入感和吸引力。

本节将介绍几种方法，帮助保持主要角色的一致性，让故事讲述更加引人入胜。

8.2.1 Seed 值控制法

我们先生成一张主人公的图像。

提示词：1 boy, orange shirt, in countryside, cartoon, anime

中文含义：1 个男孩，橙色衬衫，在乡村，卡通，动漫。

在 Discord 中，对生成的图片右键点击并选择“信封”反应，即可在 Midjourney 的私聊中获取该图片的独特种子编号 3314622876，如图 8.1 所示。

图 8.1　生成主人公的图像

若想生成与原图人物形象高度相似或一致的新图片，只需在提示词末尾添加种子编号参数。通过这种方

㊀ 指定知名动漫 / 现实人物除外，例如要求生成《火影忍者》中的漩涡鸣人，或者现实中的明星人物，这种知名人物 / 角色是可以持续生成同样一个人物的图片，但这种知名人物 /IP 等 AI 图片如果商用，很容易出现侵权问题。本章人物一致性特指非知名人物角色的连续生成问题。

法可以创建一系列相似的人物图像，如图 8.2 所示。值得注意的是，为了确保人物特征的一致性，提示词中应包含具体的人物特征描述，如“1 boy, orange shirt”等。

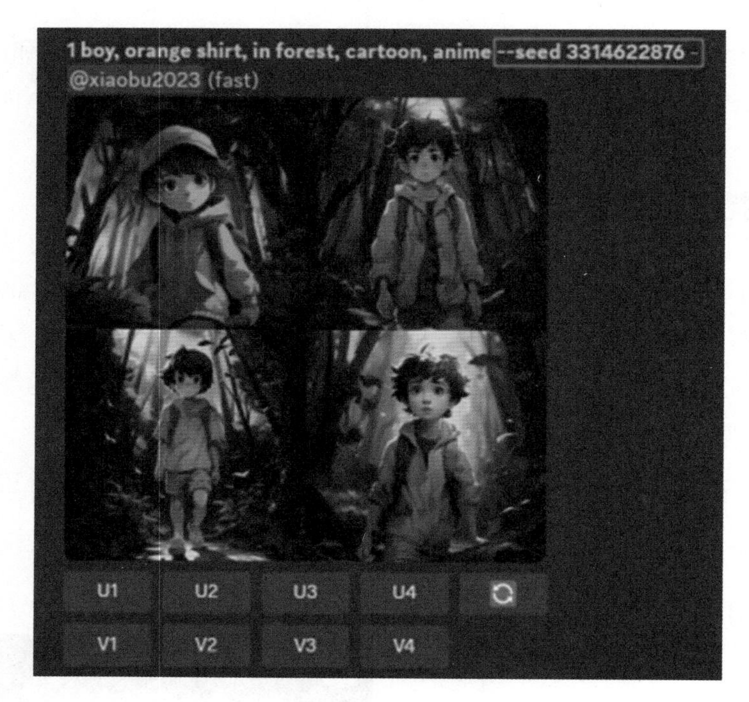

图 8.2 生成人物的其他形象

通过这个技巧，我们可以轻松保持人物形象的一致性，如图 8.3 所示。如果希望保持画风一致，只需在提示词中添加相应的风格描述和限制。

图 8.3 人物形象一致的图片

8.2.2 参考图法

步骤 1：获取人物设计图。

首先，收集 3～5 张展示不同视角（正面、侧面、背面）的人物设计图。如果你已经有了合适的人物图像，可以直接从步骤 3 开始阅读。如果没有，可以使用 Midjourney 来生成并上传人物设计图。这样，你将获得展示同一人物不同姿势和表情的图片，如图 8.4 所示。

图 8.4　通过 Midjourney 生成人物不同姿势动作图

提示词： 5-year-old-Chinese girl, character sheet with multiple poses and expressions, character design, anime, poses, by Shinkai Makoto --ar 3:2

中文含义： 5 岁中国女孩，具有多种姿势和表情的角色表，角色设计，动漫，姿势，新海诚风格。

步骤 2：裁剪人物设计图。

利用图像编辑工具（如 Photoshop）裁剪出 3 个展示不同动作和姿势的单人图像，并将它们保存，如图 8.5 所示。

步骤 3：获取图片链接。

将裁剪好的 3 张图像上传到 Discord，并右键点击每张图片复制链接，如图 8.6 所示。

图 8.5 裁剪其中的 3 个单人图像

图 8.6 上传到 Discord

步骤 4：添加提示词。

输入 /imagine 生图指令，并附上上传的图片链接（共 3 个），再添加提示词。

提示词： https://s.mj.run/xwIWYAbmr4k https://s.mj.run/jBJTR_Lu6L4 https://s.mj.run/Vuql9mtn0_w, 1 little girl, at home, sit on a chair, anime, manga, --ar 3:2 --iw 1

中文含义：（3 个参考图地址），1 个小女孩，在家，坐在椅子上，动漫，漫画。

步骤 5：调整参数。

这时，生成的新图像会参考我们提供的人物形象，相似度通常超过 50%，如图 8.7 所示。如果相似度未达预期，可以通过调整图像参考权重（"--iw"参数）来提高或降低。为了避免过度限制新图像的场景和动作，建议将 iw 参数设置在 0.5～1.5 之间。

图 8.7　生成的新图像会参考上传的参考图的人物形象

8.2.3　Midjourney 重绘法

如图 8.8 所示，首先，我们创建同一人物的不同姿势图。放大图像后，在图片下方会出现一个名为“Vary（Region)”的按钮。点击此按钮，进入图像编辑模式。在这里，可以使用矩形或套索工具选取并删除不需要的姿势，同时输入想要创建的场景内容，比如一座神秘的门和房子。

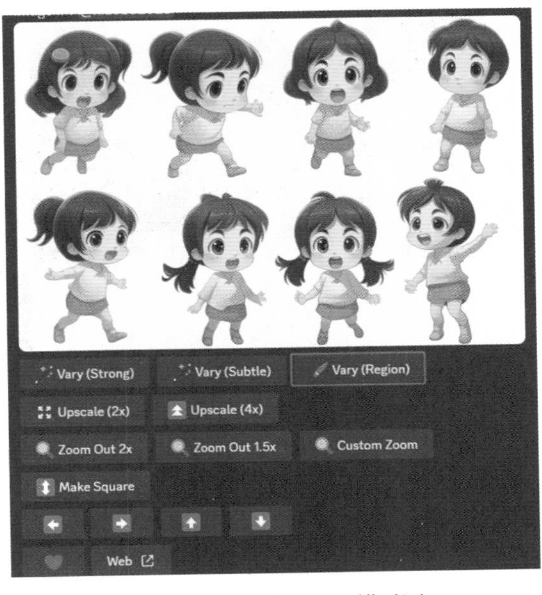

图 8.8　“Vary（Region)”按钮

其次，点击位于界面右侧的“向右箭头”按钮（如图 8.9 所示），系统将在你指定的区域内创建新图像，展现了想要创建的神秘门和房子，如图 8.10 所示。

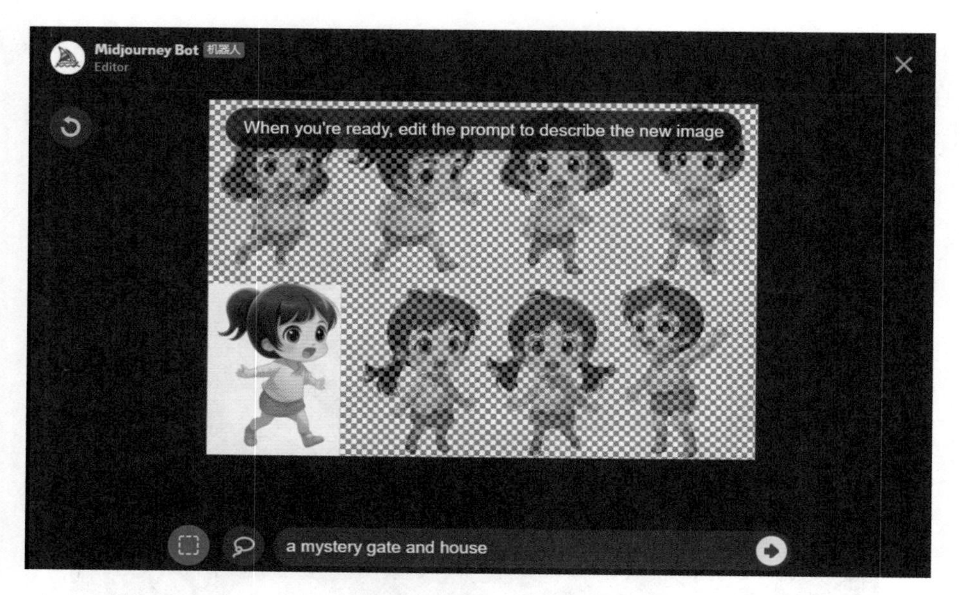

图 8.9　框选要修改的区域，并输入想要生成的画面内容后，点击“向右箭头”按钮

然而，这项功能实际上仅在选定区域内重新生成图像，这可能导致原有人物图像与新生成的场景风格不协调，出现色彩割裂。因此，这种方法建议仅在特定场景下使用。

图 8.10　新生成的图像效果

8.2.4 其他方法

1. InsightFaceSwapper 换脸

这种方法已在前文章节中多次介绍，此处不再赘述。

2. 手动重绘修改

如果你具备一定的绘画技能，可以在生成的图像基础上，使用如 Photoshop 等绘图工具对人物的脸部和服装颜色进行微调。或者，你也可以先创建场景图，然后将人物图像剪切出来，置入场景中。不过，这需要一定的绘画基础，因此不建议初学者使用。

3. 木偶剧公式（Clarinet's Puppet Method）

这是由网友 @whatnostop 分享的，一种在不同图片中连续生成同一人物的方法。尽管操作较为复杂，但对于进阶学习者而言，是一个值得尝试的延伸学习内容。详细信息请访问 https://bit.ly/Clarinet-MJ-Puppets（需稳定的网络环境）。

8.3 绘本的风格

在确保人物角色一致性后，我们接下来介绍几种主要的绘本风格。这样，大家就可以根据自己的喜好选择合适的风格来创作。一旦选定风格，只需稍加改动，例如调整角色描述、场景元素和背景说明，就能创作出理想的故事画册了。

1. 神秘灰暗风格

提示词： Picture book, illustration, a castle, by Jon Klassen --ar 3:2

中文含义： 绘本、插图、一座城堡，Jon Klassen 风格。

效果如图 8.11 所示。

2. 缤纷色彩风格

提示词： Children's picture book, illustration, a castle, vivid digital art --ar 3:2

中文含义： 儿童绘本，插图，一座城堡，生动的数字艺术。

效果如图 8.12 所示。

图 8.11 神秘灰暗风格

图 8.12 缤纷色彩风格

3. 让－巴蒂斯特·蒙日风格

提示词： Children's picture book, illustration, a bear eating near a river at night, by

Jean-Baptiste Monge --ar 3:2

中文含义： 儿童绘本，插图，一只晚上在河边吃东西的熊，Jean-Baptiste Monge 风格。

效果如图 8.13 所示。

图 8.13　让 – 巴蒂斯特 · 蒙日风格

4. 碧雅翠丝 · 波特风格

提示词： Children's picture book, illustration, a rabbit eating a carrot in forest, by Beatrix Potter --ar 3:2

中文含义： 儿童绘本，插图，一只兔子在森林里吃胡萝卜，Beatrix Potter 风格。

效果如图 8.14 所示。

5. 艾莉 · 布罗斯风格

提示词： Children's picture book, illustration, a fox riding a bicycle on road, by Allie Brosh --ar 3:2

中文含义： 儿童绘本，插图，一只狐狸在路上骑自行车，Allie Brosh 风格。

效果如图 8.15 所示。

图 8.14 碧雅翠丝・波特风格

图 8.15 艾莉・布罗斯风格

6. 克雷门・赫德风格

提示词： Children’s picture book, illustration, a deer drinking water near the river, by Clement Hurd --ar 3:2

中文含义：儿童绘本，插图，一只鹿在河边喝水，Clement Hurd 风格。

效果如图 8.16 所示。

图 8.16　克雷门 · 赫德风格

7. 凯斯 · 纳利风格

提示词：Children’s picture book, illustration, a boy dreaming to be an astronaut, by Keith Negley --ar 3:2

中文含义：儿童绘本，插图，一个梦想成为宇航员的男孩，Keith Negley 风格。

效果如图 8.17 所示。

8. 乔 · 克拉森风格

提示词：Children’s picture book, illustration, a cat chasing a bird, by Jon Klassen --ar 3:2

中文含义：儿童绘本，插图，一只猫追一只鸟，Jon Klassen 风格。

效果如图 8.18 所示。

图 8.17　凯斯·纳利风格

图 8.18　乔·克拉森风格

8.4　开始制作绘本

前面我们介绍了儿童绘本角色保持一致性和风格选择的重要性，相信这已经激发了大家的创作热情。现在，让我们以一个简单的故事为例，详细探讨如何创作一本绘本故事书。

步骤 1：设计故事。

创作绘本首要任务是拥有一个故事。那么，故事从哪里来呢？如果你有自己想要分享的故事，那自然最好。但对多数人而言，编写一个既有趣又富有教育意义的故事可能并非易事。此时，我们可以求助于 ChatGPT——一种人工智能语言模型，能够创作出多种内容。建议使用 GPT-4.0 或更高版本以确保故事质量，不过即使是 GPT-3.5 版本，也能完成这一任务。如果无法访问 ChatGPT，国内的大语言模型，如文心一言，同样能够提供帮助。更多信息请访问 ChatGPT 和文心一言官网。

以下是一个利用 GPT 创作儿童绘本故事的简易指南。

首先，我们可以通过提出问题来测试 GPT 对儿童绘本的理解能力。例如，询问 GPT 是否熟悉儿童绘本，并且询问哪些故事类型最吸引孩子们的兴趣。如果 GPT 能够准确解释绘本的概念，并列举出流行的故事类型，这表明它具备为我们提供所需内容的能力，如图 8.19 所示。

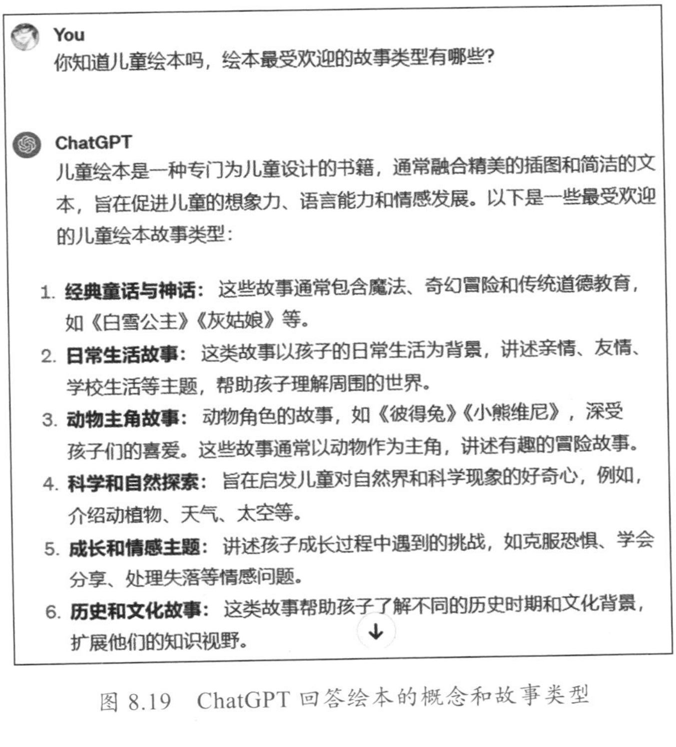

You

你知道儿童绘本吗，绘本最受欢迎的故事类型有哪些？

ChatGPT

儿童绘本是一种专门为儿童设计的书籍，通常融合精美的插图和简洁的文本，旨在促进儿童的想象力、语言能力和情感发展。以下是一些最受欢迎的儿童绘本故事类型：

1. **经典童话与神话：** 这些故事通常包含魔法、奇幻冒险和传统道德教育，如《白雪公主》《灰姑娘》等。
2. **日常生活故事：** 这类故事以孩子的日常生活为背景，讲述亲情、友情、学校生活等主题，帮助孩子理解周围的世界。
3. **动物主角故事：** 动物角色的故事，如《彼得兔》《小熊维尼》，深受孩子们的喜爱。这些故事通常以动物作为主角，讲述有趣的冒险故事。
4. **科学和自然探索：** 旨在启发儿童对自然界和科学现象的好奇心，例如，介绍动植物、天气、太空等。
5. **成长和情感主题：** 讲述孩子成长过程中遇到的挑战，如克服恐惧、学会分享、处理失落等情感问题。
6. **历史和文化故事：** 这类故事帮助孩子了解不同的历史时期和文化背景，扩展他们的知识视野。

图 8.19　ChatGPT 回答绘本的概念和故事类型

参考提示词：你知道儿童绘本吗，绘本最受欢迎的故事类型有哪些？

了解到 GPT 可以辨识并提供不同类型的绘本故事后，我们可以更具体地表达我们的需求。例如，我们可以指定希望创作的绘本故事面向的儿童年龄段、性别、故事类型和故事的长度。例如，我们可能会请求 GPT 创作一个面向 5 岁男孩的、长度为 5 页的“奇幻探险”类型故事。

参考提示词：请你帮忙创建一个适合 5 岁左右男性儿童阅读的儿童绘本，故事类型是“奇幻探险”，故事长度是 5 页。

GPT 回答内容：

当然可以。以下是一个适合 5 岁左右男孩阅读的“奇幻探险”类型的儿童绘本故事，长度为 5 页。

《小林和神秘的森林》

第 1 页

故事内容：小林是一个勇敢的 5 岁小男孩，他住在靠近一片广阔神秘森林的小镇上。有一天，他决定去探险寻找传说中的彩虹瀑布。

插图描述：小林站在家门口，手里拿着一张手绘的地图和一个小背包，背景是小镇和遥远的森林。

第 2 页

故事内容：小林踏入森林，发现了一条隐藏的小径。突然，一只会说话的狐狸跳了出来，自称是森林的向导。

插图描述：小林惊讶地看着说话的狐狸，周围是密集的树木和五彩斑斓的花朵。

第 3 页

故事内容：狐狸带着小林穿过森林，他们经过了会唱歌的树木和会跳舞的蘑菇。

插图描述：小林和狐狸走在森林中，周围的树木弯曲成奇特的形状，蘑菇像是在旋转。

第 4 页

故事内容：经过一系列惊险的探险后，他们最终找到了彩虹瀑布。瀑布绚丽夺目，水流在阳光下闪耀着彩虹般的光芒。

插图描述：小林站在瀑布前，眼睛睁得大大的，表情充满了惊奇，彩虹瀑布壮观地倒挂在背景中。

第5页

故事内容：小林和狐狸在瀑布下庆祝他们的成功。小林意识到，最宝贵的不仅是目的地，还有沿途的奇妙旅程和新朋友。

插图描述：小林和狐狸坐在瀑布旁，分享着野餐，他们周围是闪烁的水滴和飞舞的蝴蝶。

总结：

这个故事充满了奇幻元素，激发儿童的想象力，同时传递了友谊和冒险旅程的重要性的信息。通过插图和文字，孩子们可以沉浸在一个充满奇迹和探险的世界中。

步骤2：故事内容的英文转换及视觉呈现。

为了便于使用英文在Midjourney中进行绘图，我们需要把故事内容转译成英文。

参考提示词：请你将以上绘本里面的每一幕图画的画面，都用英文详细描述清楚，并整理成适合Midjourney作图提示词的形式。

ChatGPT的回答如图8.20所示。

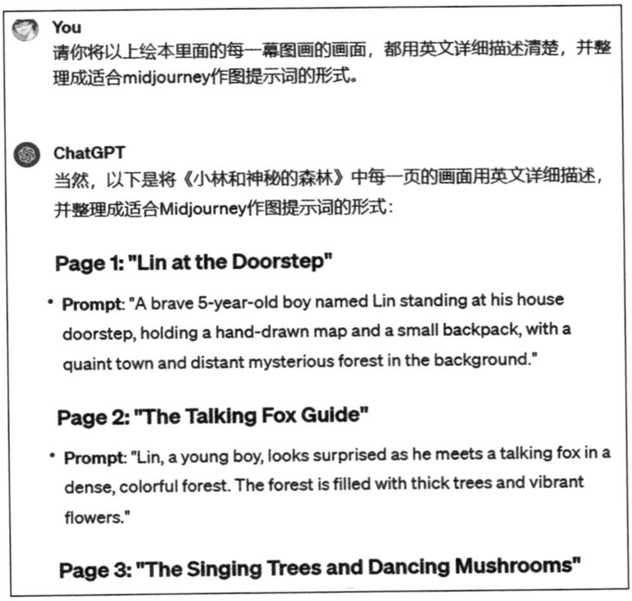

You

请你将以上绘本里面的每一幕图画的画面，都用英文详细描述清楚，并整理成适合midjourney作图提示词的形式。

ChatGPT

当然，以下是将《小林和神秘的森林》中每一页的画面用英文详细描述，并整理成适合Midjourney作图提示词的形式：

Page 1: "Lin at the Doorstep"

- **Prompt**: "A brave 5-year-old boy named Lin standing at his house doorstep, holding a hand-drawn map and a small backpack, with a quaint town and distant mysterious forest in the background."

Page 2: "The Talking Fox Guide"

- **Prompt**: "Lin, a young boy, looks surprised as he meets a talking fox in a dense, colorful forest. The forest is filled with thick trees and vibrant flowers."

Page 3: "The Singing Trees and Dancing Mushrooms"

图8.20 ChatGPT创建的绘本故事

步骤3：主要人物的设计与制作。

首要任务是创建故事的主角。一旦人物形象确立，我们将在绘制插画时重复使用该形象，以确保人物形象的一致性，如图 8.21 所示。

图 8.21 设计主要人物的形象

提示词： A 5-year-old boy, character design, character sheet with multiple poses and expressions, front left back view, by Keith Negley --ar 3:2 --niji 5

中文含义： 一个 5 岁男孩，角色设计，具有多种姿势和表情的角色表，左前后视图，Keith Negley 风格。

我们需要从生成的主角图片中挑选出三张单独的图片，并将它们上传至 Discord。

步骤 4：绘制绘本插图。

插图的提示词格式参考如下：包括参考图的链接、图像内容、风格、参数等。我们可以从步骤 3 中上传至 Discord 的图片中获取参考图链接。图像内容应基于 ChatGPT 提供的英文描述进行设计，风格则指定为绘本风格，可包括作者姓名。参数方面，需要指定图像比例（ar）、参考图权重（iw）、种子（seed）（如有）等信息。以下是故事示例和提示词的参考格式，绘本效果参见图 8.22～图 8.26。

第 1 幕

故事内容：

小林是一个勇敢的 5 岁小男孩，他住在靠近一片广阔神秘森林的小镇上。有一天，他决定去探险寻找传说中的彩虹瀑布。

提示词： https://s.mj.run/bBEOE3-rBNw https://s.mj.run/8CXlwYU06O4 https://s.mj.run/tuTRfRdbO0Y A brave 5-year-old boy named Lin standing at his house doorstep, holding a hand-drawn map and a small backpack, with a quaint town and distant mysterious forest in the background, children's picture book, illustration, by Keith Negley --ar 3:2 --iw 0.7

中文含义：（参考图地址），勇敢的 5 岁男孩林站在自家门口，手拿手绘地图和小背包，背景是古色古香的小镇和遥远神秘的森林，儿童绘本，插图，Keith Negley 风格。

图 8.22 第 1 幕

第 2 幕

故事内容：

小林踏入森林，发现了一条隐藏的小径。突然，一只会说话的狐狸跳了出来，自称是森林的向导。

提示词： https://s.mj.run/bBEOE3-rBNw https://s.mj.run/8CXlwYU06O4 https://s.mj.run/tuTRfRdbO0Y a little boy looks surprised as he meets a talking fox in a dense, colorful forest. The forest is filled with thick trees and vibrant flowers, children's picture book, illustration, by Keith Negley --ar 3:2 --iw 0.6

中文含义：（参考图链接）一个小男孩在茂密的，色彩缤纷的树林中遇到一只会说话的狐狸时，他看起来很惊讶。森林里长满了茂密的树木和生机勃勃的花朵，儿童绘本，插图，Keith Negley 风格。

图 8.23 第 2 幕

第 3 幕

故事内容：

在小狐狸的带领下，小林进入森林，经过了会唱歌的树木和会跳舞的蘑菇。

提示词： https://s.mj.run/bBEOE3-rBNw https://s.mj.run/8CXlwYU06O4 https://s.mj.run/tuTRfRdbO0Y little boy with orange jacket and the fox walking through a whimsical forest with singing trees and dancing mushrooms. The trees are twisted into unique shapes, and the mushrooms seem to be spinning, children's picture book, illustration, by Keith Negley --ar 3:2 --iw 0.6

中文含义：（参考图链接）穿着橙色夹克的小男孩和狐狸穿过异想天开的森林，森林里有唱歌的树和跳舞的蘑菇。 树木扭曲成独特的形状，蘑菇似乎在旋转，儿童绘本，插图，Keith Negley 风格。

第 4 幕

故事内容：

经过一系列惊险的探险后，他们最终找到了彩虹瀑布。瀑布绚丽夺目，水流在阳光下闪耀着彩虹般的光芒。

图 8.24 第 3 幕

提示词： https://s.mj.run/bBEOE3-rBNw https://s.mj.run/8CXlwYU06O4 https://s.mj.run/tuTRfRdbO0Y little boy standing in awe in front of a magnificent rainbow waterfall. The waterfall is spectacular, cascading down with the sun creating a rainbow effect in the splashing water, children's picture book, illustration, by Keith Negley --ar 3:2 --iw 0.6

中文含义：（参考图链接）小男孩敬畏地站在壮丽的彩虹瀑布前。瀑布非常壮观，在阳光的照耀下倾泻而下，在飞溅的水中形成彩虹效果，儿童绘本，插图，Keith Negley 风格。

图 8.25 第 4 幕

第 5 幕

故事内容：

小林和狐狸坐在瀑布旁休息聊天，分享着喜悦。小林意识到，最宝贵的不仅是目的地，还有沿途的奇妙旅程和新朋友。

提示词： https://s.mj.run/bBEOE3-rBNw https://s.mj.run/8CXlwYU06O4 https://s.mj.run/tuTRfRdbO0Y little boy with orange jacket and the fox sitting next to the waterfall, sharing a picnic, smile. They are surrounded by sparkling water droplets and fluttering butterflies. children's picture book, illustration, by Keith Negley --ar 3:2 --iw 0.6

中文含义：（参考图链接）穿着橙色夹克的小男孩和狐狸坐在瀑布旁边，共享野餐，微笑。它们周围环绕着闪闪发光的水滴和翩翩起舞的蝴蝶。儿童绘本，插图，Keith Negley 风格。

图 8.26　第 5 幕

步骤 5：文字图像处理及后期制作。

我们可以使用任何图像编辑软件（例如 Photoshop）为图片添加故事文本，如图 8.27 所示。添加文本时，应根据图片内容进行描述。如果文本与图片内容有轻微不符，可以适当调整文本。如果差异较大，则需重新生成并选择更合适的图片。

最后，将经过文字编辑的图片全部导入到 Paper APP[⊖]中，这样就能够形成

⊖ 一个仅限 iPad 和 iPhone 使用的 APP。如果是电脑设备或者安卓手机，推荐转化为 PDF 文件后来阅读和使用。

一本专属的儿童绘本故事，如图 8.28 所示。此外，还可以利用电子书制作软件或图片转 PDF 的工具，将这些图片制作成电子版的书籍，便于亲子阅读交流。

图 8.27　给图片添加故事文本

图 8.28　阅读效果图

8.5 本章小结

本章介绍了制作儿童绘本的方法。尽管绘本的故事情节通常较为简单，但仍需维持人物形象和剧情的一致性。本章介绍了如何通过统一 Seed 值、参考图、使用 Midjourney 进行重绘、换脸技术、手动修图等多种方式来实现这一点，其中，结合“Seed 值 + 参考图”来保持人物形象的一致性是我们特别推荐的方法。读者也可以根据个人需求，灵活选择适合的方法。

此外，本章还介绍了不同风格绘本的关键词。读者可以根据自己的喜好选择不同的风格和艺术家，将其应用于绘本图像的创作过程中。

解决了人物形象统一和风格参考的问题之后，就可以开始着手制作绘本了。本章提供了一个包含 5 页故事情节、人物形象基本一致的绘本制作示例。从人物生成、剧情创作（借助 ChatGPT）、选择画风、添加图片描述，到最终生成电子绘本的每一个步骤，都进行了详细介绍。

通过本章的学习，相信每位读者都能创作出独一无二的绘本作品，为孩子带来无限的想象空间和快乐，同时，也为家庭增添更多温馨和乐趣的亲子时光。

第9章 工业设计

面对 Midjourney 等 AI 绘画工具，有人评价它仅是成年人的高级玩具，适合创作迷人的图片，如个性头像和独特壁纸。他们认为，当涉及更高层次、更专业的需求（例如工业设计）时，AI 似乎力不从心，难以胜任。

但是，真的是这样吗？

我们必须认识到，尽管当前的 AI 绘画技术尚存在不足，但这并未阻碍它在专业场合发挥辅助作用。AI 绘画正被用于概念探索、设计草图和原型制作等关键环节，有效提升工作效率。

本章将以家具设计和装饰设计为例，向读者展示 Midjourney 在工业设计领域的应用实例（实际上，其应用更为广泛）。下面，让我们深入探讨 AI 绘画在工业设计中的应用，一同发现其潜力和价值。

9.1 工业设计里 Midjourney 的作用

Midjourney 等人工智能工具不仅能够创作功能性图像，还能深入工业设计领域，在设计流程中扮演关键角色，显著提高设计工作的效率。这些工具在初期需求沟通时创建效果图，在概念探索阶段绘制概念图，具有广泛的应用价值。

1. 加速创意和概念发展

AI 绘画工具能迅速将设计师的初步构思转换为具体的视觉表达。这一过程，如果采用传统手绘方式，可能需要数小时乃至数天完成；而借助 AI 的加持，仅需片刻即可完成。

2. 增强视觉探索和实验

设计师可以通过 AI 绘画尝试不同的颜色搭配、材料质地、照明效果，甚至产品形态的变化，这些在传统方法中往往耗时且费力。

3. 提升设计呈现质量

AI 绘画能够生成高质量的视觉效果，这对于向客户或团队展示概念和设计方案至关重要，能够更有效地传达设计意图和产品潜力。

4. 促进创意灵感的涌现

与 AI 绘画工具的互动可能会激发新的设计灵感或意想不到的视觉表现，有助于打破常规思维，激发创新。

5. 辅助决策和选择

AI 绘画能够迅速展示多种设计选项，帮助设计师和团队更轻松地进行比较和选择，特别是在评估不同设计方案的外观和感觉时。

6. 支持个性化和定制化设计

AI 绘画技术能根据用户的特定偏好或需求，快速调整和定制设计方案，这对于满足个性化市场需求和快速响应客户反馈具有重要价值。

7. 实现设计的快速迭代

在产品开发的早期阶段，设计过程需要不断迭代优化。AI 绘画可以快速完成这些迭代，帮助设计师在较短时间内找到最佳方案。

总的来说，AI 绘画技术在工业设计领域扮演着越来越重要的角色。它不仅让设计过程更加迅速高效，还为设计师们提供了一个更直观、灵活的工具，使他们能够将创意想法转化为可视化的设计。这意味着设计师可以将更多精力投入到创意和创新上，而不必过分拘泥于传统绘图的技术细节。随着 AI 技术的持续发展，我们有理由相信，AI 绘画将在未来的设计过程中起到更加关键的作用。

接下来，让我们来看看 Midjourney 在工业设计领域的应用案例。

9.2 家具设计

9.2.1 人体工学椅设计

在人体工学椅设计的初步草图阶段，Midjourney 能够提供重要的辅助。我们首先创建一个带有注释的初步草图。

提示词：Office chair, idea sketch, precise illustration, detailed annotations, blueprints, intricate detail, highly detailed

中文含义：办公椅、创意草图、精确插图、详细注释、蓝图、复杂的细节、非常详细。

如图 9.1 所示，尽管初步生成的图像包含许多注释，但我们发现 AI 生成的文字注释往往扭曲，难以辨认。因此，我们接下来采用去除文字的草图。

图 9.1　带注释的草图

通过添加特定指令，例如“ --no text, word”，我们可以去除图像中的文字元素。

提示词：Office chair, idea sketch, precise illustration, detailed annotations, blueprints, intricate detail, highly detailed --no text, words

中文含义：办公椅、创意草图、精确插图、详细注释、蓝图、复杂的细节、非常详细 -- 无文字、文本。

效果如图 9.2 所示。

图 9.2 不带文字的草图

去除文字后，我们注意到图像中仍然包含一些与“办公椅”概念关联不大的图样注释。为了进一步优化，我们调整提示词，移除详细注释等内容。

提示词：Office chair, idea sketch, precise illustration, highly detailed

中文含义：办公椅，创意草图，精确插图，非常详细。

经过优化后，我们得到了一个更加专注于办公椅设计本身的草图版本，如图 9.3 所示。

能够绘制草图之后，我们可以进一步尝试融入现代风格和马克笔的笔触效果，并引入绿色与橙色的色彩元素。

图 9.3　不带注释的草图

提示词： Industrial design sketch of office chair, marker rendering, modern, rugged, green with red orange details livery, minimalistic

中文含义： 办公椅工业设计草图，马克笔渲染，现代，坚固，绿色与橙色细节制作，简约。

如图 9.4 所示，我们发现这种配色组合效果并不十分理想，可以尝试去除配色提示，探索 AI 是否能自主创造出更为惊艳的色彩搭配。

结果证实了我们的猜想，AI 呈现了经典的橙色与灰色配色方案，如图 9.5 所示。

然而，目前的图像仅展示了单一视角。在许多情况下，我们需要从更多角度审视设计，至少需要三视图，以便更清楚地展现设计的细节。通过添加“three view”关键词并将背景设置为白色，同时调整画面比例为 2：3 并拉宽画幅，我们就可以呈现出更全面的多视角内容，如图 9.6 所示。

图 9.4 增加绿色和橙色的色彩元素

图 9.5 去掉配色的提示，出现了经典的橙色与灰色的配色

图 9.6　三视图

提示词： Industrial design sketch of office chair, marker rendering, modern, rugged, minimalistic, three view, white background --ar 3:2

中文含义： 办公椅工业设计草图，马克笔渲染，现代，坚固，简约，三视图，白色背景。

由此可见，Midjourney 在工业设计领域，特别是草图设计和配色方面，展示了其不俗的参考价值和探索潜力。

9.2.2　灯具设计

在灯具设计方面，风格、样式和材料的选择范围更为广泛。我们可以选用落地灯作为概念探索或灵感激发的设计对象。

提示词： Industrial design of living room standing lamp, metal with wood, modern, minimalistic, v-ray render[㊀], 4K --ar 2:3

中文含义： 客厅立灯工业设计，金属和木头材质，现代，简约，v-ray 渲染，4K。

效果如图 9.7 所示，我们注意到该设计的造型较为一般。

㊀ v-ray render 是草图渲染的效果图。

图 9.7　工业设计

接下来，我们尝试更换一组关键词，将“工业设计”(industrial design）调整为“概念艺术设计”(concept art design)。

提 示 词：Concept art design of living room standing lamp, metal with wood, modern, minimalistic, v-ray render, 4K --ar 2:3

中文含义：客厅立灯概念艺术设计，金属和木头材质，现代，简约，v-ray 渲染，4K。

同时，我们也可以变换其风格，例如，将“modern”(现代）更改为“classic”(古典）或“Japanese style”(日式)，具体效果如图 9.8 所示。

图 9.8　概念艺术设计（左日式，右古典）

此外，我们还能将不同风格进行创意融合。例如，将日式与古典风格结合的效果，如图 9.9 所示。

图 9.9　左图、中图融合后得到右图

我们也可以利用一些知名设计或同行业者的作品作为灵感来源，以创造类似的设计效果图。例如，假如我们在网上发现了一张引人入胜的设计图片，并希望借鉴其概念设计，可以先将该图片上传至 Discord，然后将图片链接添加到提示词中，并设置“--iw”参数在 0.5～1.5 之间。

提示词： https://s.mj.run/EFxqUWda0EU concept art design of living room standing lamp, metal , minimalistic, v-ray render, a man hugs several light balls, 4K --ar 2:3--iw 0.9

中文含义： 客厅立灯的概念艺术设计，金属材质，简约，v-ray 渲染，一个男人抱着几个光球，4K。

效果如图 9.10 所示。

图 9.10　*左参考图，右结果图*

通过这个案例，我们得以一窥 Midjourney 在探索工业设计的概念设计过程中提供的指导和支持。它能够通过调整提示词来探索多样的概念设计，并且能够将现有的设计元素融合，创作出全新的概念设计作品。

9.3　装修和建筑设计

9.3.1　客厅设计

Midjourney 的妙用在装修和建筑设计领域显而易见：它能够轻松打造多种

风格的客厅效果图。无论是为了获取设计灵感、向客户展示效果图，还是丰富和提升我们的设计风格，Midjourney 都是一个不可多得的工具。例如，我们可以通过它探索从现代简约到复古风情的各类室内设计方案。

1. 新中式

提示词： Living room designed in the New Chinese Classical style. The elegant furniture, chosen decorations take center stage, refined, ambiance, revolves, earth tones and muted, evoking, environment, panorama, front view, 8K --ar 3:2

中文含义： 新中式古典风格的客厅。优雅的家具，精选的装饰占据中心位置，精致，氛围，旋转，大地色调和柔和，唤起，环境，全景，前视图，8K。

效果如图 9.11 所示。

图 9.11　新中式风格客厅

2. 传统中式

提示词： Living room designed in the traditional Chinese style. The elegant furniture, chosen decorations take center stage, refined, ambiance, revolves, earth tones and muted, evoking, environment, panorama, front view, 8K --ar 3:2

中文含义： 新中式古典风格的客厅。优雅的家具，精选的装饰占据中心位置，精致，氛围，旋转，大地色调和柔和，唤起，环境，全景，前视图，8K。

效果如图 9.12 所示。

图 9.12 传统中式风格客厅

3. 现代简约

提示词： Living room in embodies, modern minimalist style. The furniture and decorations, clean, sleek designs, simplicity, and functionality. The color, revolves, neutral, environment, panorama, front view, 8K --ar 3:2

中文含义： 客厅的体现，现代简约风格。家具和装饰，干净，时尚的设计，简单，功能。颜色，旋转，中性，环境，全景，前视图，8K。

效果如图 9.13 所示。

4. 北欧奢华

提示词： A grand and luxurious living room, essence of European style. The furniture, showcase, carvings and ornate, sense of classic elegance. The color palette features rich and warm tones, creating, environment is refined, wood, panorama, front view, 8K --ar 3:2

图 9.13　现代简约风格客厅

中文含义： 豪华的客厅，欧式风格的精髓。家具、陈列柜、雕刻华丽，古典典雅感十足。调色板的特点是丰富和温暖的色调，创造，环境是精致的，木材，全景，前视图，8K。

效果如图 9.14 所示。

5. 美式风格

提示词： A comfortable and homely living room in American style. The furniture and decorations, traditional, cozy, atmosphere. Warm earth tones and rich wood finishes, environment, panorama, front view, 8K --ar 3:2

中文含义： 一间舒适而又家常的美式客厅。家具和装饰，传统，舒适，气氛。温暖的大地色调和丰富的木材饰面，环境，全景，前视图，8K。

效果如图 9.15 所示。

6. 韩式田园风

提示词： A living room in Korean countryside style, decorations exude a rustic, charm. Soft pastels and earthy, dominate, environment, nature, panorama, front view, 8K --ar 3:2

图 9.14 北欧奢华风格客厅

图 9.15 美式风格客厅

中文含义：韩国乡村风格的客厅，装饰散发着一种质朴、魅力。柔和的粉彩和泥土气，主导，环境，自然，全景，前视图，8K。

效果如图 9.16 所示。

图 9.16　韩式田园风格客厅

7. 地中海风格

提示词： A living room in Mediterranean style, furniture, reflect a coastal charm, vibrant, color, dominated by the classic, blue and white, along, earth, environment evokes, panorama, front view, 8K --ar 3:2

中文含义： 地中海风格的客厅，家具，体现海岸魅力，充满活力，色彩，以经典为主，蓝白，海岸线，大地，环境唤起，全景，前视图，8K。

效果如图 9.17 所示。

8. 东南亚风格

提示词： A lush and colorful living room in Southeast Asian style. The furniture and decorations, tropical and exotic, vibrant, Earthy, base, accents, pops, environment, tropical, panorama, front view, 8K --ar 3:2

中文含义： 东南亚风格的郁郁葱葱、色彩缤纷的客厅。家具和装饰品，热带和异国情调，充满活力，朴实，基础，腔调，流行，环境，热带，全景，前视图，8K。

效果如图 9.18 所示。

图 9.17 地中海风格客厅

图 9.18 东南亚风格客厅

9. 工业风

提示词：Living room in industrial style, furniture, reflect, rugged charm, distinctive and urban, neutral, form the base color, metallic, industrial, environment exudes, panorama, front view, 8K --ar 3:2

中文含义：工业风格的客厅，家具，体现，粗犷魅力，独特而都市，中性，形成基色，金属，工业，环境散发，全景，前视图，8K。

效果如图 9.19 所示。

图 9.19 工业风格客厅

由于篇幅所限，我们无法展示所有风格。读者可以通过更换不同的关键词，自行探索这个丰富多彩的设计世界。

9.3.2 儿童房设计

在儿童房设计方面，创意和新奇的想象力尤为重要，它们能够激发孩子们的好奇心和创造力。Midjourney 正好是一个探索充满童趣和创新的儿童房设计的绝佳工具。

1. 用 IP 主题来探索

（1）漫威蜘蛛侠。

提示词：Children's bedroom, decoration design, spiderman theme, marvel style --ar 3:2

中文含义：儿童卧室，装修设计，蜘蛛侠主题，漫威风格。

效果如图 9.20 所示。

图 9.20 漫威蜘蛛侠风格儿童房

（2）哈利 · 波特风格。

提示词：Children’s bedroom, decoration design, harry potter theme, magic, mysterious, --ar 3:2

中文含义：儿童卧室，装修设计，哈利 · 波特主题，魔法，神秘。

效果如图 9.21 所示。

（3）乐高玩具。

提示词：Children’s bedroom, decoration design, legos element, toy style, kid’s bed, desk, closet --ar 3:2

中文含义：儿童房、装修设计、乐高元素、玩具风格、儿童床、书桌、衣柜。

效果如图 9.22 所示。

图 9.21　哈利·波特风格儿童房

图 9.22　乐高玩具风格儿童房

2. 用颜色主题来探索

（1）绿色植物。

提示词： Children's bedroom, decoration design, green theme, organic style --ar 3:2

中文含义： 儿童卧室，装修设计，绿色主题，有机风格。

效果如图 9.23 所示。

图 9.23　绿色植物风格儿童房

（2）芭比粉。

提示词： Children's bedroom, decoration design, barbie pink theme --ar 3:2

中文含义： 儿童卧室、装修设计、芭比粉色主题。

效果如图 9.24 所示。

（3）橙色风格。

提示词： Children's bedroom, decoration design, orange theme, warm color --ar 3:2

中文含义： 儿童房，装修设计，橙色主题，暖色调。

效果如图 9.25 所示。

图 9.24　芭比粉风格儿童房

图 9.25　橙色风格儿童房

9.4　本章小结

本章深入探讨了 AI 绘画如何在工业设计领域，特别是家居产品和建筑装修设计中，发挥关键作用。我们将看到，无论是在人体工学椅和灯具的创新设计，还是在客厅和儿童房的装修案例中，AI 绘画都扮演了从概念探索到草图绘制等多个环节的助手角色。此外，AI 绘画在工业设计领域的应用范围广泛，覆盖了珠宝首饰、汽车、工艺品、服装设计等多个行业。在创意激发、快速渲染和设计理念的融合借鉴等方面，AI 绘画展现了其独特的价值，证明了其在工业设计领域的广泛适用性。

尽管如此，我们也必须认识到，AI 绘画目前在质量和功能上与完整的工业设计水平仍有一段距离。目前，成熟的设计图册还需人工参与和后期加工。但是，随着 AI 技术的不断进步和专业设计软件中 AI 绘图功能的不断增强，我们有理由相信，AI 将在工业设计领域扮演更加重要的角色，发挥更大的影响。

第10章 游戏设计

游戏产业规模庞大、专业性强，而且创造了巨大的经济价值。想象一下，开发一个大型游戏，就像是在打造一个全新的虚拟世界一样，这背后涵盖了从角色塑造、场景布置到故事构建、素材制作，乃至战斗机制和游戏玩法的设计，工作量之大令人咋舌。一款大型 3D 游戏的开发，可能需要数百甚至上千名专家组成的团队，耗时数年甚至超过十年来完成。

然而，随着 AI 绘画技术的出现，游戏设计和开发的过程变得更加高效。AI 绘画不仅可以协助处理众多设计环节，甚至有可能完全接手某些任务，极大地提升了游戏设计团队的工作效率。特别是对于卡牌游戏、小程序游戏和独立游戏等中小型项目，AI 绘画的加入显著降低了入门门槛，提高了制作效率。

本章将从角色设计、游戏资产设计和卡牌游戏设计等角度，深入探讨 AI 绘画在游戏设计领域的应用。

10.1 游戏设计与 AI 绘画

AI 绘画技术在游戏设计的多个环节中扮演着重要角色，极大地提高了设计流程的效率和创意水平。

1. 概念艺术与预可视化

在游戏设计的初期，概念艺术对于构建游戏世界的视觉基础极其关键。利用 AI 绘画工具，设计师可以根据文本描述或初步草图迅速生成一系列概念图。这不仅加快了传统概念开发的步伐，也使设计师能够快速尝试不同的风格、色彩和布局，拓宽创意的边界。例如，AI 能够从多个角度呈现一个未来城市的景象，或是一片森林随季节变换的景色。这些快速生成的图像让游戏开发团队能在短时间内评估多种方案，迅速推进到详细设计阶段。

2. 角色设计

在角色设计方面，AI 绘画技术同样展现出其显著的应用价值。它能依据设计师的要求，创作出多样化的角色外观，涵盖不同的服饰、装备和姿态。这些图像可以助力设计师迅速集中精力于那些最具潜力的设计，并深化角色细节的开发。AI 的运用不仅限于人类或动物角色，还能扩展至幻想生物和机器人，大大丰富了游戏世界中的角色种类。

3. 环境和关卡设计

打造沉浸式体验的关键之一是游戏中的环境和关卡设计。AI 绘画能自动生成复杂的环境布局，如城堡内部的构造或外星地形。AI 工具在项目初期便能快速提供环境的视觉原型，协助设计师和团队成员共同理解空间布局及流动性。此外，AI 还能优化关卡设计，通过快速测试不同布局的变体，改善玩家的游戏体验。

4. 用户界面和用户体验设计

对玩家的整体游戏体验来说，用户界面和用户体验设计至关重要。AI 绘画技术可用于创作用户界面的各种元素，如图标、按钮，甚至是整个界面布局。这使得设计师更容易发现既美观又实用的设计方案。AI 的运用还包括测试不同的界面布局，预测用户行为，从而进一步优化玩家的互动体验。

5. 资产和纹理创建

在游戏开发时，打造一款独一无二的游戏所需的资产和纹理，无疑是一项耗时而精细的任务。幸运的是，AI 绘画工具的出现，极大地加速了这一过程。它能够自动化地生成多种风格和类型的资产，包括装饰品、武器、建筑元素等，同时也能够创作出各种纹理和材质，赋予游戏中的物体和环境更加逼真和丰富的外观。这不仅极大地丰富了游戏的视觉效果，也使设计师能够更多地聚焦于需要更高创意的任务上。

6. 市场营销和宣传材料

随着游戏开发进入中后期或接近完工，营销和宣传活动成为重要环节。AI

绘画在这一环节中发挥着不可或缺的作用，它能够迅速生成高质量的宣传图像和营销素材，有效支持游戏的推广。无论是游戏封面、横幅广告还是社交媒体帖子，AI 都能提供一站式的视觉解决方案，吸引目标玩家的注意。

总之，AI 绘画技术通过自动化的流程和增强创意的过程，对游戏设计的多个方面提供了巨大的帮助。它不仅释放了设计师的创作潜力，加快了开发进度，降低了成本，更重要的是，提高了玩家的整体游戏体验。

10.2　角色设计

下面将介绍 AI 绘画如何在游戏角色设计中发挥作用。通过列举一些不同风格类型的人物创建提示词，我们可以看清 AI 是如何帮助设计师构思出游戏中角色的三视图的。读者可以从这些提示词中获得创作灵感，从而制作出真正适合游戏的多样化角色。

1. CS 枪战

男性角色如图 10.1 所示。

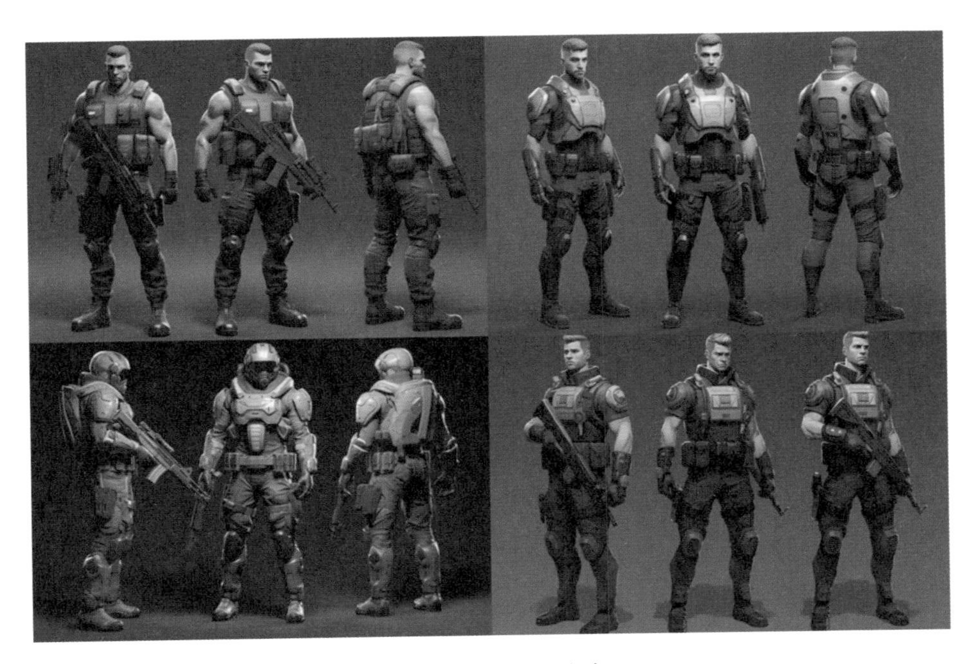

图 10.1　CS 男性角色

提示词： Character design, three-view, 1 man, full body, soldier holding a gun, short hair, unreal engine 5 --ar 3:2

中文含义： 角色设计，三视图，1 个男人，全身，持枪士兵，短发，虚幻引擎 5。

女性角色如图 10.2 所示。

图 10.2 CS 女性角色

提示词： Character design, three-view, 1 girl, full body, soldier with a short gun, long pink hair, unreal engine 5 --ar 3:2

中文含义： 角色设计，三视图，1 个女孩，全身，短枪士兵，粉色长发，虚幻引擎 5。

2. 三维卡通风格

提示词： Character design, three-view, 1 girl, full body, 3d, cartoon style --ar 3:2

中文含义： 角色设计，三视图，1 个女孩，全身，3D，卡通风格。

效果如图 10.3 所示。

3. Q 版 3D 风格

提示词： Character design, three-view, 1 Warrior, handsome, sword, full body, 3d, cute, mini, unity style --ar 3:2

中文含义： 角色设计，三视图，1 个战士，帅气，剑，全身，3D，可爱，迷你，统一风格。

效果如图 10.4 所示。

图 10.3 三维卡通风格

图 10.4 Q版 3D 风格

4. RPG[1]像素游戏风格

提示词：Character design, three-view, 16 bit pixel, art of a warrior with sword

[1] RPG，Role-playing Game，角色扮演游戏。

and shield, RPG Maker MV style --ar 3:2

中文含义：角色设计，三视图，16 位像素，战士手持剑和盾，RPG 游戏的 MV 风格。

效果如图 10.5 所示。

图 10.5 RPG 像素游戏风格

5. 美式 RPG 游戏弓箭手

提示词：Character design, three-view, fantasy roleplaying game, tomboy female archer, American cartoon --ar 3:2

中文含义：角色设计，三视图，奇幻角色扮演游戏，假小子女弓箭手，美国卡通。

效果如图 10.6 所示。

6. 日式 RPG 游戏人物

提示词：Character design, three-view, roleplaying game, a kawaii girl, with a gun, Japanese manga style --ar 3:2

中文含义：角色设计，三视图，角色扮演游戏，卡哇伊（可爱的）女孩，带枪，日本漫画风格。

效果如图 10.7 所示。

图 10.6　美式 RPG 游戏弓箭手

图 10.7　日式 RPG 游戏人物

10.3　游戏资产设计

在游戏设计的广阔天地里，除了创作各式各样的人物角色之外，我们还面临着大量重复而繁杂的设计任务，如游戏内的装备、药水和其他物品等。借助 Midjourney 工具，我们能显著提升这些游戏资产的设计效率。

1. 像素 RPG 游戏的剑

提示词： Sword collection for RPG game, in 16 bit pixel art style

中文含义： RPG 游戏的长剑汇集，16 位像素艺术风格。

效果如图 10.8 所示。

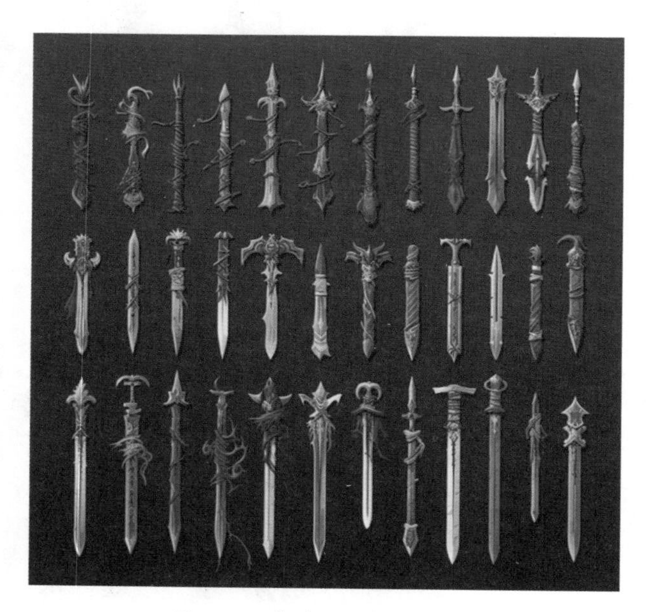

图 10.8　像素 RPG 游戏的剑

2. 像素 RPG 游戏的头盔

提示词： Head armor collection for RPG game, in 16 bit pixel art style

中文含义： RPG 游戏的头盔汇集，16 位像素艺术风格。

效果如图 10.9 所示。

3. 像素 RPG 游戏的盾牌

提示词： Shield collection for RPG game, in 16 bit pixel art style

中文含义： RPG 游戏的盾牌汇集，16 位像素艺术风格。

效果如图 10.10 所示。

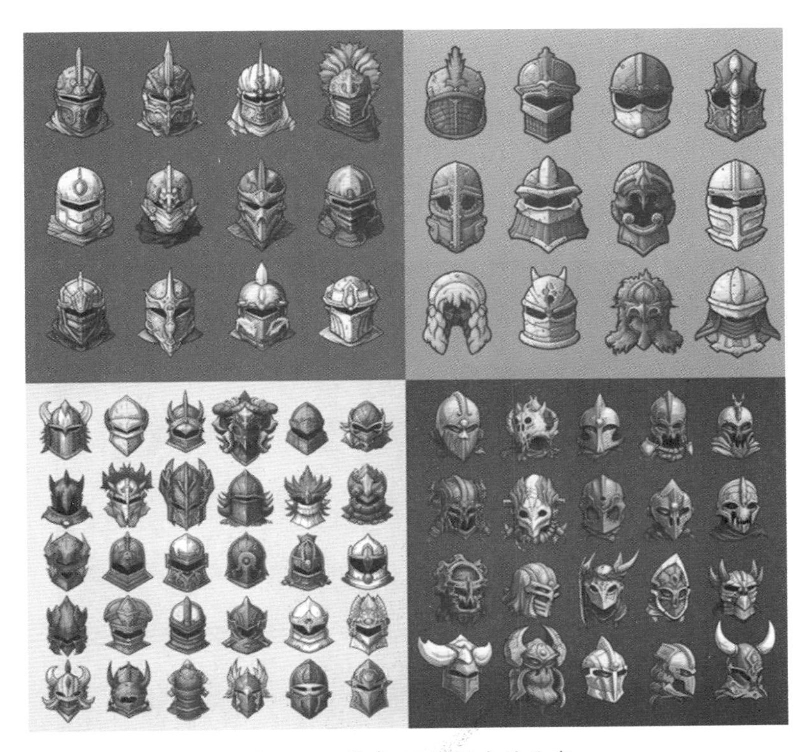

图 10.9 像素 RPG 游戏的头盔

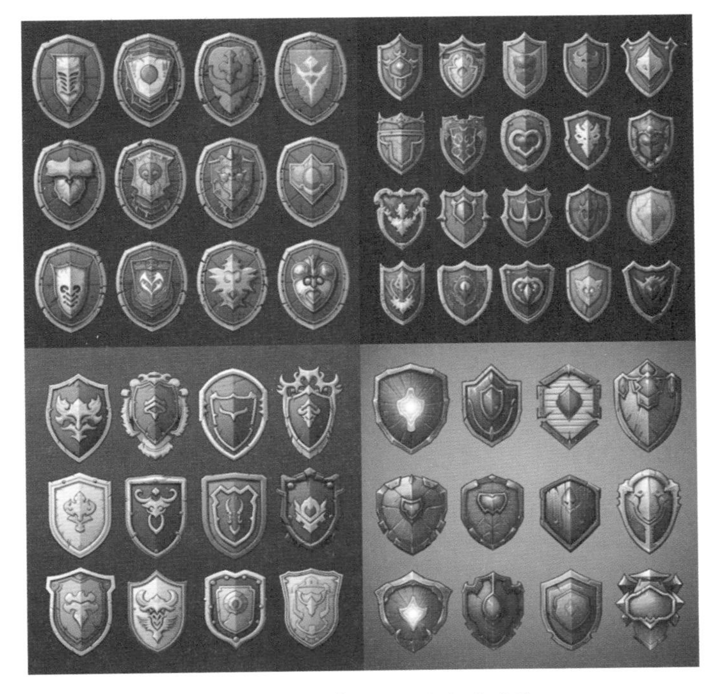

图 10.10 像素 RPG 游戏的盾牌

4. 3D 游戏宝箱

提示词： Treasure chest collection, in American 3d RPG game style

中文含义： 宝箱汇集，美式 3D RPG 游戏风格。

效果如图 10.11 所示。

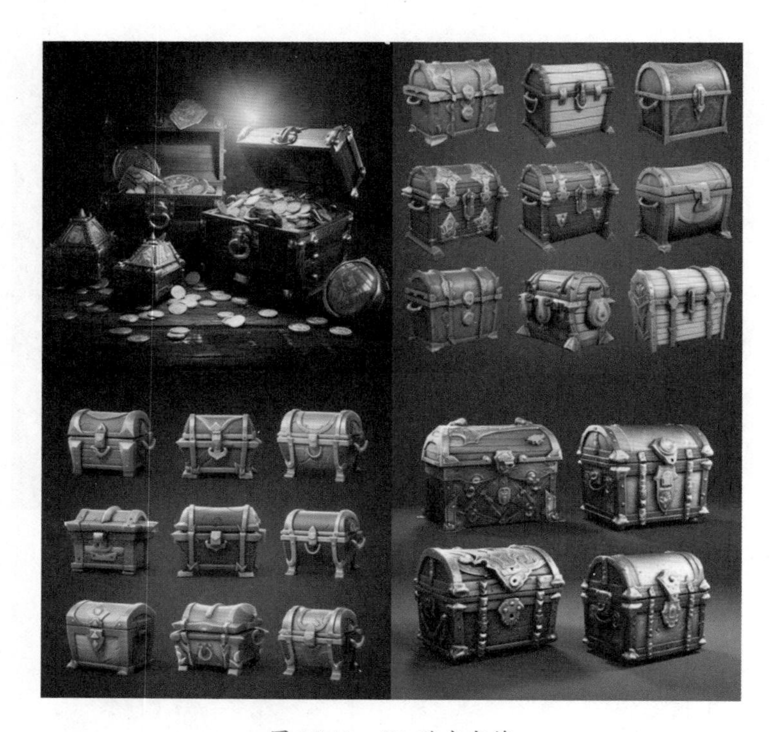

图 10.11　3D 游戏宝箱

5. 3D 游戏箱子

提示词： Boxes collection made by different materials, in American 3d RPG game style

中文含义： 不同材质的箱子汇集，美式 3D RPG 游戏风格。

效果如图 10.12 所示。

6. 升级材料宝石

提示词： Gems collection sheet, upgrade materials, in American 3d RPG game style

中文含义： 宝石汇集表，升级材料，美式 3D RPG 游戏风格。

效果如图 10.13 所示。

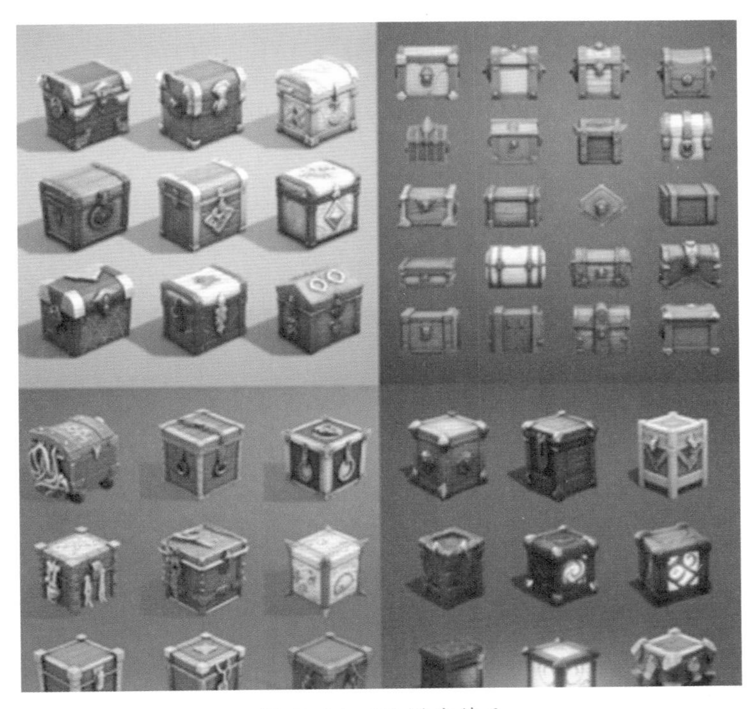

图 10.12　3D 游戏箱子

图 10.13　升级材料宝石

7. 金奖杯

提示词： Gold trophy cups collection sheet, upgrade materials, in American 3d RPG game style

中文含义： 金奖杯汇集表，升级材料，美式 3D RPG 游戏风格。

效果如图 10.14 所示。

图 10.14　金奖杯

10.4　卡牌游戏设计

不仅限于电子游戏，Midjourney 同样适用于桌面游戏设计，如卡牌游戏。下面以《狼人杀》卡牌为例展示从零开始设计卡牌的全过程。首先，设计卡牌正面的花纹边框，如图 10.15 所示。

提示词： A gold frame for a front side card, card game, in the style of bold black outlines, white background

图 10.15　卡牌正面的花纹边框

中文含义：一款正面为金框的侧卡，游戏卡，黑色粗体轮廓，白色背景。

完成后，使用 Photoshop 等抠图工具将其提取出来，以备后用。

接着，着手设计卡牌的背面，如图 10.16 所示。

图 10.16　卡牌背面花纹边框

提示词：A gold frame for a card game, in the style of bold black outlines, medievalist, light gray and white, hanging scroll --ar 2:3

中文含义：纸牌游戏的金框，黑色粗体轮廓，中世纪风格，浅灰色和白色，悬挂卷轴。

随后，转向游戏设计的核心——角色卡牌。鉴于《狼人杀》游戏中角色多样，我们选择几个通用的角色，首先设计女巫角色形象，并尝试生成一组女巫的图像，如图 10.17 所示。

提示词： Upper body of a witch, medievalist, simple background, American cartoon, hand painting style, spotlight, focus on face --ar 2:3

中文含义： 女巫的上半身，中世纪风格，背景简单，美式卡通，手绘风格，聚光灯，聚焦于脸部。

图 10.17　女巫角色形象

但是，当我们尝试用类似的提示词设计猎人、警察和平民等角色时，可能会因为没有指定具体的风格而导致风格上的不一致。为了解决这个问题，可以使用“/describe”指令来获取图像生成的详细风格描述，从而确保整套卡牌风格的一致性。具体操作方法是：如果我们对某一图像风格特别满意，例如最喜欢第三张图像，首先将其放大并下载到本地，然后上传到 Midjourney 并输入“/describe”

指令，获取该图像的风格描述，如图 10.18 所示。这样，我们就能在后续的设计中保持风格的统一了。

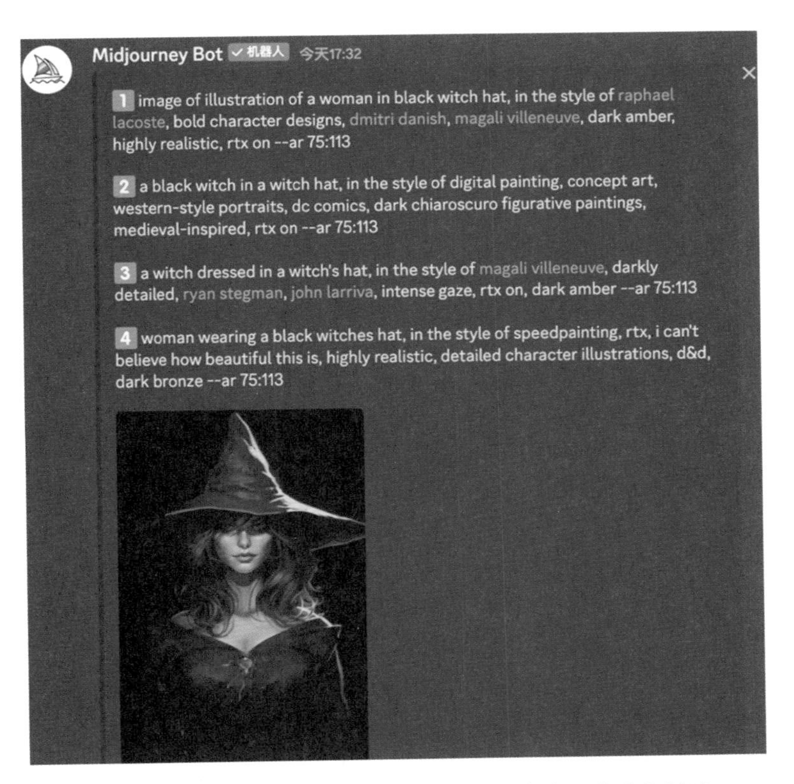

图 10.18　使用“/describe”命令获取图像的具体风格描述

我们挑选出最具女巫特质和风格的一个形象，并记录下该风格的作者（如 Raphael Lacoste）。然后，将系统生成的描述提示词与自己的提示词合并，形成这张女巫卡牌新的提示词模板。

提示词：Upper body of a witch, medievalist, simple background, cartoon, spotlight focus on the face, look at the viewer, in the style of Raphael Lacoste --ar 2:3

中文含义：女巫的上半身，中世纪风格，背景简单，卡通，聚光灯聚焦于脸部，看着观众，拉斐尔·拉科斯特风格。

效果如图 10.19 所示。

接下来，我们按照同样的方法继续设计其他角色，例如狼人，只需更换开头部分的身份提示词即可。

提示词：Upper body of a werewolf, medievalist, simple background, cartoon, spotlight focus on the face, look at the viewer, in the style of Raphael Lacoste --ar 2:3

图 10.19 拉斐尔·拉科斯特风格的女巫

中文含义：狼人的上半身，中世纪风格，背景简单，卡通，聚光灯聚焦于脸部，看着观众，拉斐尔·拉科斯特风格。

效果如图 10.20 所示。

当我们设计猎人角色时，直接使用“猎人”作为提示词可能不够明确，因此可以将其改为“弓箭手”并添加“持弓射箭”的动作描述，这样的形象更为具体，更接近大众对“猎人”的传统印象。

提示词：Upper body of archer, hand a bow, shoots arrow pose ,medievalist, simple background, cartoon, spotlight focus on the face, look at the viewer, in the style of Raphael Lacoste --ar 2:3

图10.20 拉斐尔·拉科斯特风格的狼人

中文含义：弓箭手的上半身，手持弓，射箭的姿势，中世纪风格，背景简单，卡通，聚光灯聚焦于脸部，看着观众，拉斐尔·拉科斯特风格。

效果如图10.21所示。

对于平民角色，直接输入“平民”Midjourney系统可能难以理解，导致生成的形象五花八门。将提示词改为“农夫”则更容易生成普通而善良的人物形象，更符合大众对“平民”角色的普遍认知。

提示词：Upper body of a farmer, medievalist, simple background, cartoon, spotlight focus on the face, look at the viewer, in the style of Raphael Lacoste --ar 2:3

中文含义：农民的上半身，中世纪风格，背景简单，卡通，聚光灯聚焦于脸部，看着观众，拉斐尔·拉科斯特风格。

效果如图10.22所示。

图 10.21 拉斐尔・拉科斯特风格的猎人

警察角色因其职业特征较为明显，直接使用“警官”（cop）或“警察”（police）作为提示词即可。

提示词： Upper body of a cop, medievalist, simple background, cartoon, spotlight focus on the face, look at the viewer, in the style of Raphael Lacoste --ar 2:3

中文含义： 警官的上半身，中世纪风格，背景简单，卡通，聚光灯聚焦于脸部，看着观众，拉斐尔・拉科斯特风格。

效果如图 10.23 所示。

预言家是一个较为抽象的角色，系统难以直接理解和描绘，可以将其描述为“有智慧的男性长者”或“智慧的、戴眼镜的绅士”等。读者可以根据自己的理解灵活变通，以便更准确地捕捉所需形象。

图 10.22　拉斐尔·拉科斯特风格的农民

图 10.23　拉斐尔·拉科斯特风格的警察

提示词：Upper body of a wise old man, medievalist, simple background, cartoon, spotlight focus on the face, look at the viewer, in the style of Raphael Lacoste --ar 2:3

中文含义：睿智的老年男性的上半身，中世纪风格，背景简单，卡通，聚光灯聚焦于脸部，看着观众，拉斐尔·拉科斯特风格。

效果如图 10.24 所示。

图 10.24　拉斐尔·拉科斯特风格的预言家

最后，我们从生成的图像中挑选出最合适的，放入之前设计的边框中，添加适当的文字并排版，制作成模板。将所有设计好的角色图片填充到模板中并导出，我们就得到了一套完整的《狼人杀》卡牌设计，如图 10.25 所示。

图 10.25 完整的《狼人杀》卡牌

在不同地区，《狼人杀》的角色和玩法各有千秋。若需添加新角色，仅需利用已有的提示词模板，替换具体的职业和角色背景信息生成角色形象，然后将其导入 Photoshop 软件的卡牌模板中，便能迅速创建出一张全新的角色卡牌。

对于设计更为复杂的卡牌游戏，如《游戏王》或《三国杀》，不仅包括各式角色，还涉及怪物、道具和各种增益或减益效果卡牌。通过调整和细化提示词模板，即可定制化生成这些元素的图像。

10.5 本章小结

本章重点介绍了 AI 绘画在游戏行业中的应用，尤其是如何利用 AI 生成游戏元素的图像，包括角色立绘、场景图标及游戏道具等，这为游戏内容的创作提供了极大便利。

虽然在制作大型 3D 游戏时，AI 绘画尚未实现高质量的 3D 建模，但对于众多小型游戏的开发而言，已经足够了。游戏设计中的角色面部特征、装饰、服装和整体风格等，都可以直接采用 AI 绘制的成果。

本章还以《狼人杀》卡牌游戏为例，详细展示了从卡牌背面设计、正面边框设计到角色主题设计的全过程。掌握了这一过程后，读者可以自行创作更复杂的卡牌游戏，甚至是简易的电子游戏和小程序。

尽管篇幅所限，无法展示游戏领域的所有应用，但通过本章内容我们不难看出 AI 绘画在游戏设计和制作中拥有广泛的应用前景。

第11章

电商设计

在电商领域，图片素材扮演着至关重要的角色。无论是产品设计、商品详情页展示、店铺装饰、促销活动策划，还是社交媒体运营和品牌形象构建，精美的图片都是不可或缺的。在AI绘画技术问世之前，大型企业需要依靠一大批设计师来完成这些烦琐的工作。对于规模较小的团队来说，情况更加艰难，成员往往需要一人多职，担负起摄影、设计、运营等多重任务，工作量巨大。

然而，随着AI绘画技术的兴起，我们现在能够利用这项技术在图片素材创建、设计优化、成品制作等多个环节大幅提升工作效率。这不仅能帮助我们获得更多高质量的图片素材，而且有助于更有效地吸引消费者的注意，提升他们的品牌忠诚度，同时促进转化为产品销量的提升。

接下来，让我们深入了解AI绘画在电商设计领域的应用和技巧。

11.1 AI绘画在电商领域的应用

AI绘画技术在电商领域扮演着至关重要的角色，特别是在商品展示、社交媒体营销、广告设计、用户界面设计、品牌建设、产品设计和定制等方面应用广泛。下面介绍几种主要的应用方式。

1. 产品展示优化

商品的视觉展示对于激发顾客的购买欲望至关重要。AI绘画能够自动生成高清、精准的产品图像及其使用场景，帮助顾客直观地了解产品特性，包括外观、使用场景和使用方法，从而提高购买意愿。对于产品线丰富的商家，AI 绘画还能迅速调整颜色和样式，提供更多选择，既提高了转化率，也提升了工作效率。

2. 个性化推荐系统

结合用户数据分析，AI 绘画能提供个性化购物体验。通过分析顾客的购买历史和浏览行为，AI 能够生成定制化的产品图像，推荐符合用户个人偏好的商品，并为促销活动设计个性化的 Banner，这不仅增加了吸引力，还提升了顾客的复购率和忠诚度。

3. 社交媒体营销

在社交媒体营销中，吸引用户注意力的关键是精美的视觉作品。AI 绘画能够根据不同平台特性和营销主题快速生成适配的图像，无论是直观的产品介绍还是具有故事性的场景布局，都能加强品牌识别度，促进用户互动，引导他们访问电商平台或购买产品。

4. 用户界面设计

用户界面是顾客与电商平台之间的桥梁。AI 绘画技术可以设计出风格一致、易于操作的界面元素，如导航按钮、购物车图标或分类图像，使网站更专业，提升用户体验，降低操作难度，助力销售转化率的提升。

5. 产品定制个性化服务

近年来，电商平台上提供的个性化产品定制服务越来越受到消费者的青睐。利用 AI 绘画技术，消费者在选择了不同的定制选项，如颜色、图案、文字之后，可以立即看到预览图像，例如，定制手机壳、衬衣等商品。实时可视化的定制过程不仅满足了消费者对产品个性化的追求，还提高了他们的参与度和购买意愿，从而为电商平台带来了更高的客户满意度和竞争力。

总的来说，AI 绘画在电商领域的作用日益凸显，其应用范围也在不断扩大。下面，我们将介绍一些电商领域内 AI 绘画的具体用途和操作技巧。

11.2　模特素材

在电商运营中，无论是商品详情页还是营销活动宣传，经常需要各式各样的模特图片。如果全部依赖真人拍摄，将耗费大量时间和资金。现在，借助 AI 绘画技术，我们可以迅速生成所需的高质量图片，而且还无须担心版权问题。

尽管在展示服装的精确细节方面，AI 绘画生成的模特图像暂时还无法完全替代真人，但在许多其他场景中，AI 绘画已经大放异彩，展现了其强大的应用潜力。

11.2.1 人像模特

1. 单手碰脸（化妆品类的营销运营图片）

提示词： Face Shot (VCU), a delicately painted hand rests on the side face, elegant Chinese female model's face, delicate features, warm skin, super realistic skin, white background, clean background, fuji film, atmospheric lighting, volumetric lighting, simple and clean, advanced sense, rich details --ar 3:4 --v 6.0

中文含义： 脸部特写照片，画工精致的手放在侧脸上，优雅的中国女模特脸，精致的五官，温暖的皮肤，超真实的皮肤，白色背景，干净的背景，富士胶片，氛围灯，体积照明，简单干净 ，高级感，丰富细节。

效果如图 11.1 所示。

图 11.1　单手碰脸的模特

2. 托腮笑（化妆品类营销用）

提示词： Face Shot (VCU), the exquisite Chinese model, touch chin with both hands, a great big laugh, delicate features, warm skin, super realistic skin, side face, white background, clean background, fuji film, atmospheric lighting, volumetric lighting, simple and clean, advanced sense, ultra-hd --ar 3:4 --v 6.0

中文含义： 脸部特写照片，精致的中国模特，双手摸下巴，大笑，精致的五官，温暖的皮肤，超真实的皮肤，侧脸，白色背景，干净的背景，富士胶片，氛围灯，体积照明，简洁干净，高级感，超高清。

效果如图 11.2 所示。

图 11.2　托腮笑的模特

注意，AI 绘图在绘制手部时容易出现错误，如手指数量不准确或透视问题。遇此情况，不妨多次生成，以选出自然而美观的作品。

3. 打伞人像（适合防晒类产品）

提示词： Commercial shoot, a beautiful young woman holding an opened umbrella, wearing yoga clothes, fair skin, focusing on the open umbrella, wide shot, sunny, outdoor, natural light, fuji film, atmospheric lighting, volumetric lighting, simple and clean, advanced sense, ultra-hd --ar 3:4

中文含义：广告拍摄，美丽的女性打着撑开的伞，穿着瑜伽服，白皙的皮肤，聚焦在撑开的伞上，广角镜头，阳光明媚，户外，自然光，富士胶片，氛围灯，体积照明，简洁干净，高级感，超高清。

效果如图 11.3 所示。

图 11.3　打伞的模特

4. 家居类人像（适合居家类产品）

提示词： Commercial shoot, a beautiful young woman holding a mobile phone, wearing comfortable home clothes, fair skin, focusing on the mobile phone, wide shot, light white and bronze, fuji film, atmospheric lighting, volumetric lighting, simple and clean, advanced sense, ultrahd --ar 3:4

中文含义：广告拍摄，美丽的年轻女子拿着手机，穿着舒适的家居服，皮肤白皙，专注于手机，广角镜头，浅白色和古铜色，富士胶片，氛围灯，体积照明，简单干净，高级感，超高清。

效果如图 11.4 所示。

图 11.4　家居类人像模特

在人像模特图像的创作中，使用的提示词基本固定。只需稍微调整动作或场景描述，便能轻松获得与产品息息相关的带人像模特的场景图。

11.2.2　动物模特

1. 英短猫（适合宠物猫类产品）

提示词：Commercial shoot, a beautiful British short hair cat sitting in front of a white background, super realistic, wide shot, natural light, fuji film, atmospheric lighting, volumetric lighting, simple and clean, super-realistic, ultra-hd --ar 3:4

中文含义：广告拍摄，一只美丽的英国短毛猫坐在白色背景前，超写实，广角镜头，自然光，富士胶片，氛围灯，体积照明，简洁干净，超写实，超高清。

效果如图 11.5 所示。

图 11.5　英短猫

2. 金毛狗（适合犬类产品）

提示词：Commercial shoot, a beautiful golden retriever dog sitting in front of a white background, super realistic, wide shot, natural light, fuji film, atmospheric lighting, volumetric lighting, simple and clean, super-realistic, ultra-hd --ar 3:4

中文含义：广告拍摄，一只美丽的金毛狗坐在白色背景前，超写实，广角镜头，自然光，富士胶片，氛围灯，体积照明，简洁干净，超写实，超高清。

效果如图 11.6 所示。

图 11.6　金毛狗

3. 牛和草原（适合奶制品）

提示词： Commercial shoot, a herd of cows on the green grassland, blue sky and white clouds, medium shot, natural light, rich details, ultra-hd --ar 3:4

中文含义： 广告拍摄，绿色草原上的牛群，蓝天白云，中景，自然光，细节丰富，超高清。

效果如图 11.7 所示。

4. 一群鸡（适合禽类或溯源类产品）

提示词： Commercial shoot, a flock of hens in a meadow with a comb on their head, sharp, hard mouths, thick yellow feathers, strong legs, blue sky, medium shot, natural light, rich details, ultra-hd --ar 3:4

中文含义： 广告拍摄，草地上的一群母鸡，头上有鸡冠，锋利、坚硬的嘴巴，厚厚的黄色羽毛，有力的腿，蓝天，中景，自然光，细节丰富，超高清。

效果如图 11.8 所示。

图 11.7　牛和草原

图 11.8　一群鸡

11.2.3　电商宣传效果图展示

如图 11.9 所示，完整的电商宣传效果图供你参考。

图 11.9　电商宣传效果图展示

11.3　水果电商

Midjourney 能够为水果电商创作出适宜的图片，包括产品微距图、采摘图及创意效果图。这些图片不仅可用作产品主图或详情介绍，也适用于创意宣传。曾经的拍摄与修图工作烦琐耗时，现如今仅需简单几步操作，即可获取专业且高清的水果图片，极大地简化了水果电商的工作流程。

接下来，让我们看看水果图像的具体创作方法。

1. 微距白底水果图

草莓，如图 11.10 所示。

图 11.10 微距白底水果图（草莓）

提示词： Cluster of strawberry takes center stage against a clean white background. The camera, a professional grade, equipped with a macro lens, captures the strawberry with exceptional, clarity, shallow depth

中文含义： 在干净的白色背景下，一簇草莓占据了中心舞台。专业级相机，配备微距镜头，以出色的清晰度和深浅度拍摄的草莓。

葡萄，如图 11.11 所示。

图 11.11 微距白底水果图（葡萄）

提示词： Several grapes takes center stage against a clean white background. The camera, a professional grade, equipped with a macro lens, captures the grapes with exceptional, clarity, shallow depth

中文含义： 在干净的白色背景下，几颗葡萄占据了中心舞台。专业级相机，配备微距镜头，以出色的清晰度和深浅度拍摄的葡萄。

通过简单更改提示词中的水果名称，便能获取到其他水果的高清图像，详情不再赘述。

2. 水果切面图

草莓，如图 11.12 所示。

提示词： Strawberries, with one cut in half, commercial professional photo, macro lens, white background

中文含义： 草莓，切成两半，商业专业照片，微距镜头，白色背景。

图 11.12 水果切面图（草莓）

哈密瓜，如图 11.13 所示。

提示词： Hami melons, with one cut in half, commercial professional photo, macro lens, white background

中文含义： 哈密瓜，切成两半，商业专业照片，微距镜头，白色背景。

图 11.13 水果切面图（哈密瓜）

3. 挂果类图片

荔枝，如图 11.14 所示。

图 11.14 挂果类（荔枝）

提示词：Ideal macro photo of fresh litchi tree on sunny background, professional color grading, soft shadows, clean sharp focus, commercial photography, realistic

中文含义：阳光明媚的背景下新鲜荔枝树的理想的微距照片，专业调色，柔和的阴影，清晰锐利的焦点，商业摄影，写实。

梨，如图 11.15 所示。

提示词：Ideal macro photo of fresh pear tree on sunny background, professional color grading, soft shadows, clean sharp focus, commercial photography, realistic

中文含义：阳光明媚的背景下新鲜梨树的理想的微距照片，专业调色，柔和的阴影，清晰锐利的焦点，商业摄影，写实。

图 11.15　挂果类（梨）

4. 手捧鲜果

蓝莓，如图 11.16 所示。

提示词：Close up shot, farmer's hands hold fresh blueberries, front view, organic food, harvesting and farming concept, commercial pro photography

中文含义：特写镜头，农民的手拿着新鲜的蓝莓，前视图，有机食品，收获和农业概念，商业专业摄影。

樱桃，如图 11.17 所示。

提示词：Close up shot, farmer's hands hold fresh cherries, front view, organic food, harvesting and farming concept, commercial pro photography

图 11.16 手捧鲜果（蓝莓）

图 11.17 手捧鲜果（樱桃）

中文含义：特写镜头，农民的手拿着新鲜的樱桃，前视图，有机食品，收获和农业概念，商业专业摄影。

5. 创意落水图

柠檬，如图 11.18 所示。

提示词： Water sprayed out, liquid explosion, dispersion, lemons, on a bright clean background, vivid color, realistic photo, high res

中文含义： 水喷出，液体爆炸，分散，柠檬，明亮干净的背景，鲜艳的色彩，逼真的照片，高分辨率。

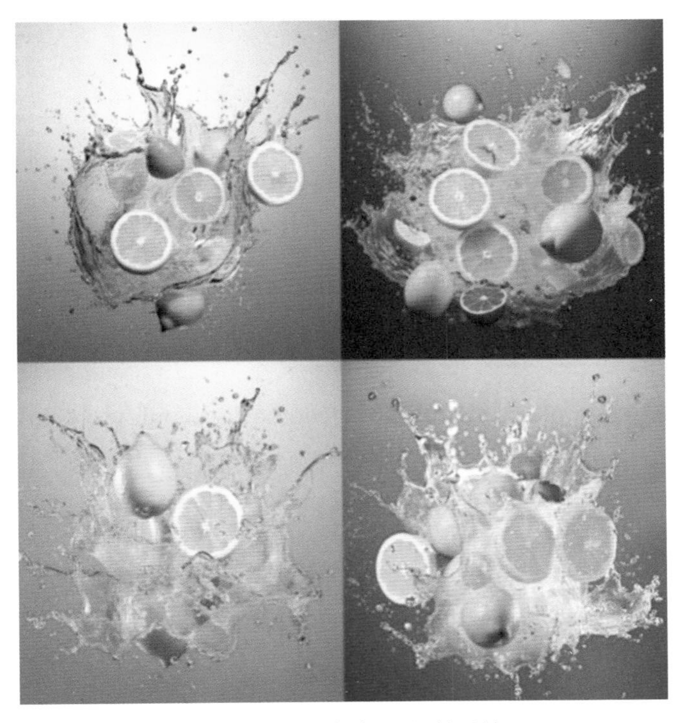

图 11.18　创意落水图（柠檬）

草莓，如图 11.19 所示。

提示词： Water sprayed out, liquid explosion, dispersion, strawberries, on a bright clean background, vivid color, realistic photo, high res

中文含义： 水喷出，液体爆炸，分散，草莓，明亮干净的背景，鲜艳的色彩，逼真的照片，高分辨率。

6. 水果摆盘

猕猴桃，如图 11.20 所示。

图 11.19　创意落水图（草莓）

提示词： Kiwi on plate, on a bright clean background, vivid color, commercial photography

中文含义： 猕猴桃摆盘，明亮干净的背景，鲜艳的色彩，商业摄影。

图 11.20　水果摆盘（猕猴桃）

牛油果（鳄梨），如图 11.21 所示。

提示词：Avocado on plate, wooden desk, on a bright clean background, vivid color, commercial photography

中文含义：牛油果摆盘，木桌，明亮干净的背景，鲜艳的色彩，商业摄影。

图 11.21 水果摆盘（牛油果）

7. 水果冰箱贴

除了水果本身，我们还能够创作与水果电商相关的周边产品，如水果冰箱贴，如图 11.22 展示。这些可爱的水果图案适合用作贴纸打印或制作周边商品。它们还可以剪辑出来，用于日常与客户的互动，或者添加到店铺介绍中，增添亲和力与可爱气质，帮助吸引顾客，提高购买率和复购率。

提示词：Stickers of cute fruits, cartoon, illustration style

中文含义：可爱水果贴纸，卡通，插画风格。

图 11.22 水果冰箱贴

11.4 本章小结

本章深入介绍了 AI 绘画技术在电子商务领域的广泛应用，通过聚焦于模特素材创建与水果电商的视觉呈现两个方面，展示了 AI 绘画技术的实际应用场景。

在电子商务中，产品展示和营销宣传对高质量的模特图像需求极大。传统的模特拍摄不仅成本高昂，而且耗时耗力。借助 AI 绘画技术，我们能够高效生成各类模特图像，包括用于化妆品销售的面部模特、家居场景以及户外阳光下的人像，这些生动的图像使商品展示更加鲜明、具有说服力。此外，AI 技术还能创作出各种动物模特图像，如宠物猫、狗等，为产品营销增添新的维度。

对于水果电商而言，AI 绘画能够生成各式各样的商品图片，如微距白底图、切面图、果实挂枝图、手捧鲜果图、水果落水效果图、水果摆盘图等，甚至包括设计水果主题的周边商品，如冰箱贴、水果表情包等。

电子商务领域的多个行业和环节都能通过 AI 绘画技术提高工作效率、降低成本。读者基于本章内容进行更多的探索和尝试，可能会发现更多未曾涉足的新领域。

第12章

Midjourney 的副业变现

许多人好奇，作为一项引人注目的新兴技术，AI 绘画是否隐藏着潜在的商业机会？答案是肯定的。

AI 绘画作为一项创新技术和工具，自然吸引大量关注，从而聚集了众多目光。随着 AI 绘画技术的不断进步，一些人能够率先接触并掌握这项技术，而其他人则可能还未了解到最新的发展，这种信息差为商业机会提供了土壤。此外，AI 绘画作为一种高效的工具，能显著提高多种场景的工作效率并改变企业的工作流程，从而带来效率提升和成本节省。基于 AI 绘画领域的这些特点，其变现的可能性相较于传统行业而言无疑更高。

本章将展示一些已经在市场上成功变现的 AI 绘画项目，并详细解析两大类可操作的 AI 绘画变现途径。最后，本章还将提供如何避开开展副业过程中遇到的常见陷阱的建议，帮助读者更安全地探索和实现变现项目。

12.1 两个基本问题

在我们深入探讨副业机会之前，有两个关键问题需要向读者明确。接下来的副业变现讨论，都将基于这两个问题进行。

问题 1：AI 绘画真的无所不能吗？

AI 绘画技术的发展步伐迅猛，使得它能够轻松创作出精美的图像。很多人因此产生了一个幻觉：是否只需告诉 AI 我心中所想，它就能精准描绘出我脑海中的景象呢？并且，当作品未能达到我的满意时，我是否能随心所欲地对其进行修改？

理论上，这种想法在未来某天可能实现。但以当前技术水平来看，这还不太现实。虽然创造美观的图像相对简单，但在生成具有特定元素、场景和内容的图像时，精确调整和组合这些元素却不是易事，你可能会发现 AI 并不能完全按照你的指令行动。

还有人误以为 AI 绘画仅仅是用来创作美丽而性感的女性形象，或者是随机模仿一些美观的画作。他们认为 AI 创作尚不成熟，在实际的生产和商业环节中难以提供持续稳定且质量可靠的内容，甚至认为它毫无价值。

事实上，将 AI 绘画视为万能或完全无用都是一种误解。AI 绘画并非非此即彼，其实用性在于具体的应用场景。就像自动驾驶技术可以分为 L0（完全人工驾驶）到 L5（完全自动驾驶）不同级别一样，AI 绘画也可以分为 L1～L5 五个不同的等级，如图 12.1 所示。

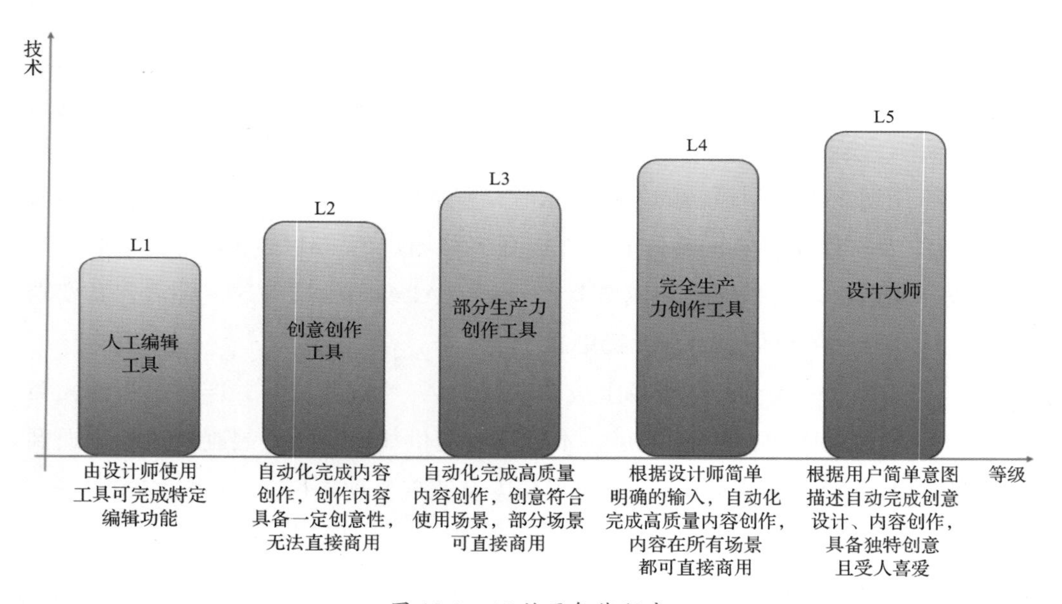

图 12.1　AI 绘画智能程度

当前 AI 绘画技术大致处于 L3 级别：能够自动化生成高质量的创意内容，满足特定使用场景的需求，部分作品甚至可直接应用于商业领域。然而，要生产完全符合商业标准的内容，而不需要人工干预，目前仍是不可能的。在商业应用中，大多数 AI 生成的图像还需要人工的调整、反复的迭代和进一步加工，才能正式投入使用。

因此，能够实现商业化和盈利的，主要是在特定场景下利用 AI 绘画的优势进行的图像制作、创意激发和设计等工作。

问题 2：通过 AI 绘画能否迅速致富？

在 AI 领域，很多人看到了未来商业的巨大潜力。特别是近年来，AI 成了一个热门创业领域，但要实现快速致富，其实并不容易。

对于大多数人而言，相比于那些已被行业巨头主导的领域，AI 提供了一个相对公平、更易入门的市场。在这里，赢得第一个客户、获得第一笔收入相对容易。但想要通过 AI 绘画或其他 AI 技术赚到第一个百万元，或实现每月十万元以上的稳定收入，则面临更大的挑战。

AI 绘画的商业化不同于日常工作，它不仅要求我们满足市场需求，还需要具备多方面的技能。我们必须洞察市场需求，深入理解 AI 绘画的技术原理，将这些知识转化为高质量的产品。推出产品只是开始，还需要通过有效的推广吸引潜在客户，并将他们转化为付费用户。

同时，我们还要关注外部因素，如 2023 年下半年发布的《生成式人工智能服务管理暂行办法》等政策和法规，这些都对 AI 绘画产品的合规性提出了要求，可能会增加生产成本，影响商业模式。此外，竞争对手的动向也是不容忽视的，保持竞争优势至关重要。

虽然实际的商业环境更为复杂，但本章旨在简化这一过程，即使是没有特殊技能和艺术天赋的普通人，也能将 AI 绘画作为一项副业。虽然不能保证具体的收益，但本章提供的项目指南成熟可靠，能显著提高成功的可能性。我们可以从一个小目标开始，例如赚到第一块钱——这虽然微不足道，但却是满足市场需求、获得客户认可的重要标志，也是未来更多收益的起点。通过持续的努力、优化产品、扩大宣传，你将能够实现更多的收入。

本章是为那些寻求低门槛入场和简单操作方法的人准备的。虽然低门槛并不意味着能轻松赚大钱，但提供的市场验证和成熟路径，将帮助读者找到一个良好的起点。通过不断的迭代和优化产品服务，你将有机会突破新手阶段，实现更大的商业成功。

12.2　已实现收入的模式

12.2.1　壁纸

如图 12.2 所示，如果要请画师亲自创作这样的画作，哪怕全力以赴，也要花费两到三天时间；如果进度慢一些，可能需要数天乃至一周。但是，利用 AI 绘画技术，我们可以在几分钟内迅速获得画作；即使加上后续的图片编辑和处理，一般也只需几个小时就能完成。因此，AI 绘画技术在效率上大大超越了传统方法，完全有能力在壁纸生产领域带来革命性的变化。

图 12.2 壁纸示例

在利用 AI 绘画技术创作了大量壁纸后，我们如何将其商业化呢？虽然通过壁纸销售获利听起来颇为传统，但实际上，围绕壁纸，我们有多种盈利方式。最直接的方法是上传壁纸到专业网站上，根据下载次数获得收益，或者选择一次性卖断。此外，创建收费社群，定期分享高质量壁纸，也是一种不错的选择。现在，一些云存储服务还提供推广机会，通过分享壁纸吸引新用户注册，也能为创作者带来收入。

许多社交平台支持通过小程序推广壁纸，当用户看到并点击进入时，创作者就能从中获得分成。因此，即使是简单的壁纸作品，只要持续努力，也能逐渐积累可观的收益。

12.2.2 头像

在本书第 4 章，我们已经讨论过头像制作的相关技术和市场。在当前多元化的社交媒体环境下，对个性化且有吸引力的头像的需求日益增长，推动了头像定制市场的发展。如图 12.3 所示，一个随机选取的店铺在某社交平台上提供“头像定制”服务，以每份 37 元的价格吸引了超过 1000 名顾客，从而实现了超过 37 000 元的收入。这家店铺采用简洁的纯色背景和 3D 头像风格，并没有因为制作上的简单性而影响其市场表现，这一点从其销量和价格中可以清晰看出，头像市场的确存在着巨大的需求。

图 12.3　某社交平台“头像定制”搜索结果和商品详情页

针对头像市场，我们的目标客户不仅包括年轻的男性和女性，还覆盖了一些容易被遗忘的细分市场，如专为儿童设计的头像服务。正如图 12.3 右图所示，这类服务的定价通常是普通头像的两倍，然而，它的付费用户数却是后者的两倍。这一现象揭示了一个事实：家长们，特别是孩子的母亲，愿意在孩子身上投入更多。通过深入分析这些数据，我们发现头像定制市场不仅需求明确、能够成功盈利，而且其潜力已得到充分认可。这种需求是显而易见的，并已成为许多人寻求收入的一种方式。因此，即使是在社交媒体上分享自己制作的精美头像，并宣称能以低价提供此服务，也足以轻松促成交易。我们鼓励读者尝试，亲身体验这一市场的需求。

12.2.3 教程

AI 绘画作为一项新兴技术，正吸引着各界人士的关注。对这项技术的好奇心激发了人们的探索欲，许多人愿意支付费用学习 AI 绘画，尤其是平面设计领域的专业人士，他们已经意识到学习 AI 技能的紧迫性，以应对行业的变革。在这样的需求推动下，提供 AI 工具安装和使用方法的教程变得极受欢迎。这些教程大致可分为两种：一种是内容全面、包含多个课程的综合教程，价格从几百到几千元不等；另一种是紧跟热点、专注于特定技能的实用教程，价格更加亲民，从九块九到四十九元不等。例如，抖音上的一个 AI 绘画教程，售价 298 元，已售出 2500 多份，收入达到 70 万元。而专注于特定技能的小型课程，如售价 39.9 元的“瞬息全宇宙”教程，在一个小店铺就售出了 3000 多份，收入也超过 12 万元如图 12.4 所示。

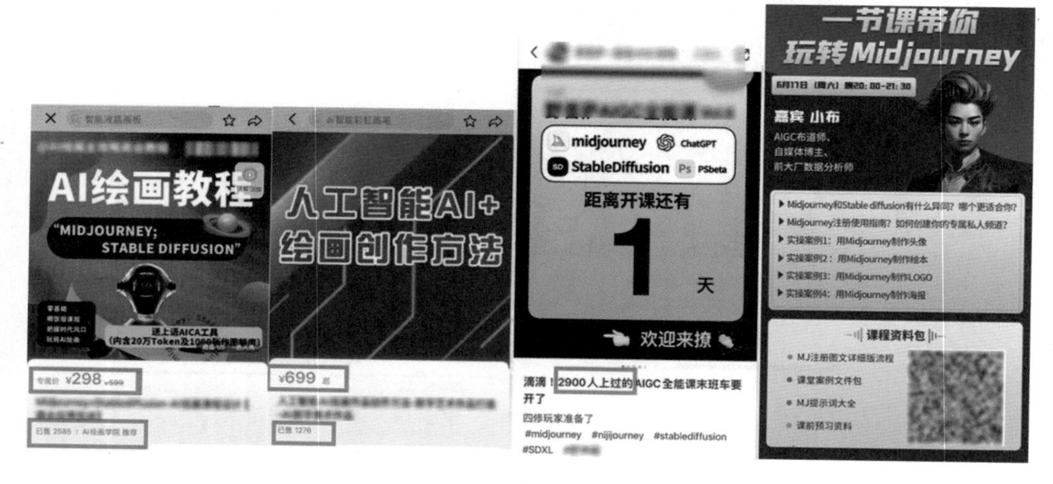

图 12.4 截取的各平台 AI 教程宣传截图

这些数据表明，无论是全面的综合课程还是专注于特定技能的小型课程，只要定位精准，都能获得市场的积极响应。小型课程因其紧跟热点和亲民价格，特别受到广大群众的欢迎，为兴趣支付的模式，已成为许多 AI 创作者和教育者的共识。

12.2.4　AI 绘画 + 视频

AI 绘画和视频的结合，正在成为吸引流量的新路径。

以图 12.5 所示，这段视频获得了数千点赞和评论，播放量高达数十万。它利用 AI 绘画技术创作，并通过其他 AI 工具增强内容与视频效果，结果是一个既吸引人又充满创意的作品。

图 12.5　AI 绘画技术参与创作的视频

视频的创作流程首先使用像 Midjourney 这样的 AI 绘画工具生成图像，然后通过配音和动态渲染工具，如 DID，把静态的图像转变成会说话的角色。这类视频特别针对一些特定群体，例如，针对微信上的中老年女性用户，他们对这种既童真又充满智慧的角色情有独钟，被其传达的深层哲理所吸引，进而积极点赞、评论和关注，给视频创作者带来了大量的粉丝。有了粉丝基础，创作者便可以通过销售相关周边商品或其他低价商品来实现收益。

这种做法并不仅限于“AI 小和尚”这一类的视频。无论是将 AI 生成的图文转化成视频来推广小说，还是结合古诗词创作插图并制作成视频，这些都成为流行的内容形式。虽然展示方式各异，但它们的核心都在于利用 AI 绘画技术生成图像，并通过其他 AI 工具转化为视频内容，最终在社交平台上吸引观众。

总结来说，制作受欢迎的视频内容，聚集粉丝和流量，是通往商业成功的关键一步。AI 绘画技术和视频制作工具的结合，大大降低了制作难度，提高了成功的可能性和效率。一旦拥有了稳定的粉丝基础，后续的收益变现就变得更加容易和灵活，创作者可以通过销售商品、广告等多种方式来实现收益。AI 绘画和视频的结合，不仅增强了内容的吸引力，也为创作者开辟了一条通向收益的大道。

12.2.5 AI 模特

在电商领域，AI 模特的应用正逐渐成为一种新兴的收益途径。

传统商家在实体店里通常使用假人模特或塑料模特展示产品。相比之下，在线电商平台更倾向于使用真人模特来展示服装，这样可以让消费者更直观地感受穿着效果，从而提高购买转化率。在电商领域，常规模特拍摄服务，如采用普通淑女风格或校园甜美风格的模特，可能因为价格竞争而导致成本较低。在这种情况下，AI 绘画技术的成本优势并不明显。

然而，在需要特殊类型模特的场合，如老年模特、儿童模特、外国人模特或内衣模特等，由于这些类型的模特要求较高且市场供应有限，其拍摄成本通常较高。商家需要安排拍摄日程，并承担模特费用、服装道具成本以及摄影师、器材和场地费用。在这些情况下，AI 模特的功能显得尤为重要，AI 绘画技术能够模拟出这些特殊类型的模特，为电商领域提供了一种高效且成本可控的解决方案。

如图 12.6 所示，一套在实体商家塑料模特身上穿着的 Cosplay 服装，通过 AI 绘画工具的魔法，能够自然而然地适配到 AI 模特上，款式、装饰和所有的服装细节均得以完整保留。因此，利用 AI 绘画服务，我们可以低成本地制作一系列高质量的产品图片，每套图片的成本大约只需百元左右。总的来说，AI 绘画技术在提供 AI 模特服务方面，已经成为一种有效且经济的电商变现策略，这不仅显著降低了商家的拍摄成本，同时也为 AI 绘画领域的从业者开辟了新的商业机遇。

图 12.6　AI 模特示例

12.2.6　变现模式小结

当然，以上列举的只是众多变现方式中的冰山一角。随着技术的不断发展和更新，一些旧的机会可能会慢慢消失，而新的机会又将不断涌现。但无须担心，因为具体的手段和模式虽然在变，关键的方法论和原则却是恒定的。只要我们掌握了这些方法论，无论技术如何进步，都能够紧跟市场的脉搏，满足市场需求，从而切下属于自己的一块“蛋糕”，获得丰厚的回报。

接下来，让我们通过两个与自媒体相关、普通人也能轻松上手的项目，来进一步探索 AI 绘画项目的变现方式。第一个项目是公众号运营，它更侧重于内容的质量和持续性；第二个项目是艺术二维码的制作，这个项目更注重抓住热点和创意。通过深入了解这两个项目，我相信读者将能更好地掌握 AI 绘画项目的变现技巧，并有更大的可能实现成功。

12.3　拆解公众号项目

12.3.1　项目简介

先来详细了解一下公众号项目。如图 12.7 所示，公众号依靠高流量和爆款文章，展现了其收入潜力。在流量高峰期或是连续发布多篇爆款文章时，单日收入可达数千元，单月收入更是有望突破数万元。一篇文章如果浏览量达到 8 万次以上，其直接变现的收入就能达到数百元，加上读者的打赏，收益更是可观。

图 12.7 公众号项目部分阅读量 / 收入截图

当然，图 12.7 展示的都是特别成功的案例，其中的爆款文章浏览量达到几十万乃至上百万次，实现了单日数千元甚至上万元的收入。虽然这样的成功看似只属于极少数幸运者，但对于新手而言，只要坚持不懈地提供高质量内容，每天赚取几十元至上百元并非遥不可及。如果同时运营多个账号，收入甚至可以媲美一份全职工作。

因此，从长远角度考虑，只要微信公众号平台不进行重大改版，该项目便能够持续运作，保持相对稳定性。

12.3.2 项目原理

为了实现持续的收益，我们首先需要掌握收入的来源及其产生的原因。那么，这个模式为何能够实现盈利呢？

近年来，随着抖音用户数量的飞速增长，它已成为许多人休闲娱乐的首选。相较之下，微信用户的日均使用时间有所减少，用户群体也逐渐向抖音倾斜，尤其是游戏和娱乐产品的爱好者。面对这种情况，微信开始寻找方法留住用户，延长他们在平台上的停留时间。

因此，微信在其产品策略上进行了重要调整。以往，微信公众号内容的推送仅限于用户已关注的账号。但最近几年的更新使得公众号更加倾向于采用推荐机制。例如，用户阅读完一篇文章后，系统会推荐类似的内容；在公众号栏目滑动时，也会展示推荐文章或广告。此外，微信的“看一看”和“搜一搜”功能也纳入了大量的内容推荐入口。

微信通过为用户提供丰富的推荐内容，并引入广告分成，类似头条或抖音的推荐机制。这种机制的优势在于，只要文章得到平台和用户的青睐，便有机会获得大量推荐。即便是粉丝数量不多，只要内容有吸引力、互动性强，也有可能成为热门文章。

面对这些推荐机会，公众号自然需要不断推出高质量内容。微信设计了一套奖励机制鼓励创作者：创作的优质内容越多，获得的分成也越丰厚。这一策略激励了更多创作者加入平台，创作更多的高质量内容。

因此，在过去一年多的时间里，微信公众号通过推荐获得的收益较高，相比前几年的百家号、头条等平台的内容广告分成有了显著提升。举例来说，微信的阅读量每千次能够赚取几元，而在头条上则需要数千阅读量才能达到相同的收益。

总之，微信公众号项目的运作逻辑基于一个核心思想：利用 AI 技术更快速、有效地创造内容，满足用户和平台的需求，从而获得激励和广告分成收益。

12.3.3 操作步骤

1. 注册账号并关注热点

明白了变现的原理后，我们应该如何行动呢?

首先，拥有一个公众号是基础。如果你还没有注册，可以遵循相关规定进行注册。根据微信公众平台的最新规定，每个人可以注册一个公众号，每家公司最多可以注册两个。请注意，注册数量的限制可能会随时间或其他因素变化，具体信息请参考微信公众平台的官方说明。

接着，密切关注热门话题。这些可以通过微博热搜、新榜、知乎热门话题和微信指数等渠道找到。同时，留意行业内其他同行的动态，分析他们的主题选择和内容呈现方式。通过研究他们的热门文章和所用图片，我们可以借鉴他们成功的元素，如主题选择、内容布局和写作风格等。

此外，挑选能引发讨论的话题也极为关键。当内容触及社会热点时，更容易吸引用户点击和阅读。高点击率不仅意味着更好的数据表现，也能带来更多的推荐和转发。这不仅提高了内容的曝光率，还能增加广告收入。因此，紧跟热点是吸引流量的首要步骤，如图 12.8 所示。

图 12.8 关注（追逐）热点

2. 利用 AI 工具生产文章

掌握了公众喜爱的热点主题后，下一步就是内容“生产”。原创标记的公众号内容更易获得推荐，而原创内容至少需要 300 字。这里，“生产”一词的使用，意味着可以借助 AI 工具来批量撰写或优化内容，从而显著提高效率。就像制作 AI 绘本一样，使用 ChatGPT 或文心一言，通过提示词引导 AI 生成特定主题的内容。

然而，AI 生成的文本往往带有明显的 AI 特征，需要通过上传特定数据训练 AI㊀，或者进行人工后期编辑，以赋予文章更多情感和个性化风格（如幽默或风趣）。这样的文章更能打动读者，促进互动。同时，这也有助于避免内容被平台自动识别为 AI 生成，从而降低推荐权重。有些平台甚至会因 AI 生成的内容违规而进行扣分。

3. 利用 AI 绘画制图

如果一篇文章只有文字，无论内容多丰富，都难以吸引读者点击，更不用说促进互动了。因此，搭配合适的图片至关重要。通过前文的学习，相信读者已经对“制作精美图片”有了深入的了解和实践经验。

然而，制图并非易事，如图 12.9 所示。首先，图片需要具有足够的吸引力，

㊀ 指通过上传等方式提供给 AI 大模型，让它掌握原本不知晓的知识、文风、信息库等内容，并可以在后续的内容输出中模仿和应用的行为。

能在众多内容中突出，抓住读者的注意力。这不仅需要审美能力，还需要理解观众的心理。其次，图片必须与文章主题紧密相关，与文章的情节和风格保持一致，这样才能使文章与图片形成完美的结合，触动读者的心弦，提高点击率和互动性。

在制图过程中，应不断尝试和探索。尽管本书已详细介绍了多种主题图片生成的技巧，但篇幅毕竟有限，可能无法解决所有问题。此时，可以利用网络资源，例如搜索引擎和视频网站，寻找更多的教程和灵感。

图 12.9　利用 AI 绘画制图

4. 满足平台算法机制

完成热点追踪、内容创作与图文编辑之后，下一步就是文章的发布。在发布文章时，标明其为原创内容至关重要。通常，连续发布三篇原创作品后，作品更易受到平台推荐算法的青睐。为了获得更多曝光，建议保持较高的创作频率。在可能的情况下，理想状态是每天发布超过一篇的文章。

微信公众号等平台的运营机制会对过去一周内的原创文章进行初步推荐，试图将它们推入所谓的流量池中。这个初步推荐考察的是文章的点击率和互动率等关键指标，以此来评价用户对内容的喜好程度。若这些数据达到了一定的高标准，文章便有机会获得更高级别的推荐。这种机制与抖音等平台的推荐系统相似，数据表现越好，获得的推荐就越多。若数据持续优秀，文章则进入更高级别的流量池，直至数据表现下降，平台才会停止推荐。因此，持续不断地更新内容，可以大大增加文章被推入流量池的概率，提升爆款成型的可能。

然而，每日更新并非生产机械化、质量低下的内容。文章应保持一定的质量标准，内容前后连贯，并富含人性化的元素。如果文章质量差，即便偶尔获得推荐，其数据表现也难以令人满意。长此以往，不仅推荐次数会减少，还可能因滥用原创标签而被剥夺该功能。

总之，为了提高作品被推荐的概率，创作者需不断地输出高质量内容，如图 12.10 所示。这不仅有助于维护与平台的良好关系，更能赢得用户和公众的认可，为自己赢得长期且稳定的发展机会。

图 12.10　持续发布，不断攀登高峰

5. 扩大规模

在当今自媒体的浪潮中，运营一个公众号，日产一至两篇文章是完全可行的。坚持不懈，每日便可轻松赚得几十元乃至上百元。一旦你已可以稳定输出高质量内容，且希望进一步增加收益，不妨尝试扩充你的公众号阵容。经过计算，若管理三至五个账号，保持每个账号日常稳定更新，日收益有望突破数百元大关。这意味着，月收入有望达到数千元乃至上万元的惊人数字。

因此，一旦我们掌握了为单一账号创作高品质文章的能力，便完全有理由增加账号数量，以此提升收益上限。

然而，多账号经营需要投入更多时间与精力，这不仅包括内容规划，还要确保每个账号均有吸引眼球、质量上乘的内容。这需要我们对每个账号的主题和风格进行巧妙创新和调整，以满足不同目标群体和市场的需求。同时，精通时间管理和提升工作效率也至关重要，确保能够高效地管理多账号。

此外，扩展规模还意味着必须对每个账号的数据进行密切跟踪和分析，便于及时调整策略、优化内容。这涉及对阅读、点赞、评论、转发等关键指标的监控，以及对流量趋势和用户偏好的深入了解。

综上所述，如果条件允许，增加账号数量以扩大经营规模，如图 12.11 所示，是提高收入的有效途径。这不仅对内容创作能力提出了更高要求，也需要我们在时间管理和数据分析等多个方面进一步提升技能，确保每个账号都能发挥最大潜力，从而实现显著的收益增长。

图 12.11　从单人（1 个号）作业到多人（多个号）作业

6. 广告和激励之外的收入

在不断地创作和更新内容的过程中，一个公众号的粉丝数量对于增强其影响力至关重要。要想让粉丝数量持续上升，我们必须深入了解目标读者的阅读喜好，并与他们有效互动，同时逐步构建自己独特的形象，以吸引更多人的关注。

随着时间的积累，粉丝数量会逐渐增加，达到一定的规模，例如超过 5 000 或 10 000 时，各种合作机会便会纷至沓来。这些机会包括品牌合作、广告投放、内容委托创作、产品体验等，开辟了多种盈利途径。通过这种方式，我们不仅能够获得除了传统广告收入之外的其他收益，还能够实现收入来源的多样化，减少了依赖单一收入来源可能带来的风险，使得收入结构更加合理。为了方便潜在合作伙伴与我们联系，建议在公众号里设置一个明显的“联系方式”按钮，或在简介里留下联系信息。

通过不懈的努力和创新，我们的公众号能够吸引更广泛的关注，并随着时间的推移，逐步建立起一个拥有强大粉丝支持的个人品牌。这不仅能保证稳定的流量和互动，还能为我们带来更多样化的盈利机会和显著的经济效益。

12.3.4 项目总结

公众号运营是一个门槛较低且易于上手的项目，不必要求我们拥有非凡的才华或显赫的背景。只需坚持不懈的努力和连续的创新，便能逐步收获成果。

尽管起步容易，但其发展潜力却不容小觑。随着作品受到更多关注，公众号的影响力逐渐增大，进而带动收入增长，形成一个良性循环。

然而，正是因为门槛较低，竞争也尤为激烈。如何让自己的内容突出，成为我们必须面对的挑战。

要突破这一局面，我们需要有坚定的信念和长期战斗的决心。就像登山，山脚的拥挤与山顶的孤独形成鲜明对比，而成功往往属于那些能坚持到最后的人。

核心来说，公众号项目彰显了 AI 在提升创作效率方面的巨大潜力。我们可以利用高效的 AI 创作来辅助人类的创作，从而实现高质量内容的输出和收益的增长。

进一步思考，虽然讨论的是公众号，但这套方法论适用于任何鼓励创作、消费图文内容的平台。而且，随着 AI 应用的领域不断拓宽，任何能有效利用 AI 提升内容、服务或产品质量的领域，都有机会获得竞争优势。公众号项目，仅是众多选择中门槛最低、要求最少的一种。

12.4 拆解艺术二维码项目

12.4.1 项目简介

公众号项目特别适合那些愿意长期致力于内容创作，并享受逐步积累过程的创作者。然而，并不是每个人都适应这种缓慢的发展节奏。对于追求快速成效的读者，他们更倾向于能够短期内看到成果的项目。对这部分人来说，紧跟热点的项目可能是更佳选择。

以小红书和抖音平台上的艺术二维码定制项目为例，我们来探讨这类项目的特色和操作方法。这些项目对时效性要求极高，不仅需要对市场趋势有敏锐的观察力，还要具备快速执行的能力。只要能迅速把握并投身于当前热点，就能快速实现商业价值转化。

艺术二维码是什么呢？

请参考图 12.12 中的艺术二维码样例。如果不提前说明这是“二维码”，许多读者可能无法察觉，图中其实隐藏了一个二维码。没错，这正是可以通过手机 APP 扫描识别的真实二维码，它能够实现链接跳转到特定网址、微信名片或公众号等功能。

图 12.12　艺术二维码样例

那么，艺术二维码有哪些用途呢？

首先，它在自媒体引流和流量变现方面扮演着重要角色。为了吸引用户关注或添加微信，自媒体或商家经常需要使用二维码。但在国内，大多数社交平台都禁止发布二维码（无论是文章、视频还是图片），私下发送二维码也可能违反规定，导致账号受限，甚至被封禁。因此，一种更为安全的引流二维码变得格外重要。

其次，艺术二维码还能提升商业宣传的视觉吸引力。在制作海报、广告、落地页或个人名片时，通常会附加二维码作为联系方式。如果这些二维码在视觉上独特且美观，它们能更有效地吸引消费者注意，激发他们的好奇心，提高扫码率，从而促进更多的商业互动和价值转化。

由于这些二维码的独特性和艺术价值，市场对此类项目的需求极为旺盛。例如，某位创作者发布的新型二维码文章在朋友圈广为流传，一些二维码生成模型以数万元的价格售出，而高端的艺术二维码定制服务，更是有过万元级别的成功交易记录。

当然，对于初学者而言，可能难以直接参与到高价交易中。但即便是以数十元的价格提供艺术二维码定制服务，绝大多数读者也完全有能力掌握。

12.4.2　操作方法

1. 寻找机会

那么，这个项目究竟是如何推进的呢？

它主要分为三个阶段进行：寻找机会；实现快速盈利；持续利用项目的后续潜力。

在寻找机会的阶段，我们通常采用以下方法。

数据监控：通过多渠道监控，我们可以发现潜在的热门趋势。如果你平时就习惯关注各种数据，就能够注意到一些异常的数据波动。例如，关注社交媒体平台上的账号——如抖音或小红书——你可能会发现某些内容突然爆红。这些内容往往因为获得的点赞数和流量远超其平常，表明其内容本身有很强的吸引力以及平台推荐，从而引发了广泛的关注。

社交互动：通过加入创业、副业相关的社群、参与活跃朋友的聚会或在论坛中浏览分享，我们可以发现那些尚未被广泛认识的新机会。

以艺术二维码项目为例，项目负责人小 A 之所以介入，正是因为他在 2023 年 6 月的一个社群中发现了艺术二维码的流行趋势。他注意到，使用 AI 绘制二维码正成为一种新的机遇。随后，他在小红书上发布了相关的笔记，并发现阅读量大幅增加——从平时的二三十个赞跃升至上百个赞。这一显著的增长让他意识到这是一个不容错过的商业机会，于是开始着手进行商业化操作。

2. 快速变现

小 A 发布的测试笔记，虽然总浏览量仅约一万，但两天内的分享和推荐已带来数百个点赞。这期间，收到了众多私信询问如何制作这种二维码，以及定制二维码的费用。由于笔记中包含了小 A 的二维码，一些人甚至直接通过微信联系，希望了解更多信息。

解决客户来源问题后，接下来的挑战是如何将潜在客户转化为私域用户，并最终转化为实际购买者。首先，将用户从公开平台如小红书引导至微信等私域平台并非易事。因为平台通常不鼓励将用户导向外部，发布私域信息如微信号或商品链接很可能触发违规处罚。因此，避免使用重复的私信模板至关重要，以免被封号。

为了解决这一问题，小 A 也在抖音发布了视频，展示精心制作的艺术二维码。通过简单的剪辑和背景音乐，快速制作出吸引人的短视频。为规避抖音的引流限制，小 A 注册成为个体商户，并开设了企业号，通过挂载咨询卡片和设置自动回复，以多套话术快速响应客户，既引流又避免违规。

成功引流至微信后，转化过程的重点是打造信任。这包括制定吸引人的欢迎话术，明确告知可以制作艺术二维码、价格、支付方式、客户评价、定制流程等关键信息，同时确保信息简洁明了。此外，通过在朋友圈分享其他客户的定制二维码、效果图、转账凭证和好评，新客户才更加放心购买，减少询问，加快决策和下单过程，从而提高转化率和速度。这一系列策略构成了从引流到私域再到转化交付的完整变现链路。

初期，日处理订单量在 20～50 单之间，客单价介于 39～99 元，日收入数千元是常态。随着时间推移，即使进入中后期，每天稳定处理 10 单左右，仍能为小 A 带来可观的收入。在这个过程中，快速响应市场需求并提供全套服务的能力，是获得成功的关键。而随着竞争加剧，早期建立的服务体系成了赢得市场的核心竞争力。

3. 利用余温

距离我们项目流量激增已经过去两周，市场竞争愈发激烈。随着更多竞争者的加入，需求开始分散。预计未来一到两周内，随着服务提供者的增加，价格竞争将变得不可避免。如图 12.13 所示，市场上已经出现了低至 3 元，甚至免费的定制服务。

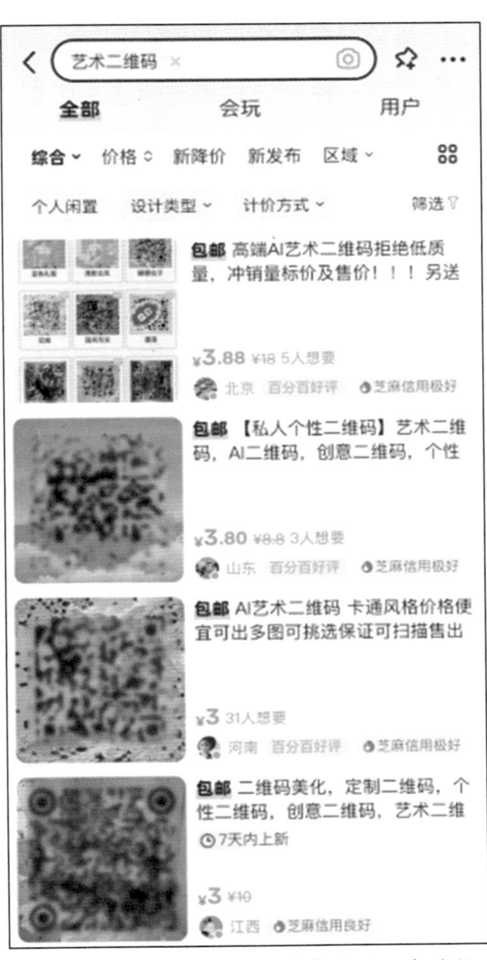

图 12.13　项目后期红海竞争时的服务价格

因此，在项目进入热门阶段的中后期，适时调整策略至关重要。我们可以考虑拓展业务范围，例如开设教学课程，创办专门的训练营等。最简便的方式是利用“微信群”加“在线文档”，每位学员的学费可以从几百元到上千元不等，这种模式的单价相对较高，但受众规模有限。

此外，我们还可以将教学内容制作成视频教程，发布至知识付费平台，并设定 19.9～39.9 元的价格区间。这种低价多销的策略有时能吸引大量购买，从而实现良好的收益。知识付费是一个有效的收入来源，通常能比仅通过创作内容获得更快的回报。

通过这一系列策略，我们不仅能在热点逐渐消退时找到新的机会，还能快速变现，最大化利用这波热潮带来的红利。最终，根据市场变化和个人偏好，我们可以选择低调接单或停止定制服务，寻找新的机遇，灵活调整我们的策略。

12.4.3 项目总结

定制艺术二维码项目，是随着社会热点浮现而迅速受到关注的一个领域。它的兴起和消退都异常迅速，本质上是通过把握信息差，来提供独特的服务和实现知识变现。简而言之，只要能迅速识别并利用这些信息差，推出吸引人的产品或服务，就能在短时间内获得收益。

对于熟悉 AI 绘图技巧的爱好者来说，这确实是一个不错的机会。在社交媒体平台如抖音或小红书上，只要能够在热点到来之前，持续发布吸引人的内容，接单并实现盈利并不遥远。

然而，这个项目也并非没有门槛。想要成为市场上的先行者并占据大部分市场份额，就需要对入场时机有敏锐的洞察力，以及熟悉如何有效吸引和转化潜在客户的策略。即便在一个项目中赚到了钱，这种收益往往也是短暂的。为了持续盈利，需要不断追寻新的热点，学习新的技能，构建和优化转化策略，这是一个不断挑战的过程。

总的来说，选择积累型项目还是热点型项目，并没有绝对的好与坏，关键在于是否适合自己。每个项目都有其特定的受众群体。因此，作为读者，只需找到自己热爱且适合的领域进行尝试即可。

12.5 避免掉入变现陷阱

经过对各种变现方法的深入探讨，许多读者可能已跃跃欲试，急切地想要亲自尝试。这种急切是很自然的情感反应。然而，我们也要提醒大家，在尝试的过程中，对细节的忽略可能会让人陷入不必要的困境，尤其是对于新手而言。本节将指出在变现过程中可能遇到的一些常见陷阱和误区，提醒大家在追求收益时保持警惕。通过分析现实中一些希望通过网络平台赚钱但最终被利用的案例，我们希望帮助读者避免这些潜在的陷阱，确保能够安全且稳健地走向成功。

12.5.1 过度的硬件支出

在 AI 绘画领域，初学者常见的一个误区是过度投资硬件（如图 12.14 所示）。

例如，运行某些 AI 模型需要较高的计算能力，例如 Stable Diffusion 要求至少 4GB 的显存。而更大的语言模型可能需要 20GB 甚至更多显存。初学者有时会受到硬件销售商的推荐，购买高价的 Nvidia RTX 4090 显卡（显存 24GB，适合多种 AI 算法训练和推理，但价格昂贵，市价超过一万元人民币）或 I9 处理器，以及高分辨率显示器以呈现高清的绘图作品。这些设备的总成本往往高达数万元，对于初期还未产生任何收入的新手来说，这样的前期大额投资是不必要的，甚至可能带来巨大的财务压力。

图 12.14 过度的硬件支出容易造成财务压力

实际上，许多互联网平台，如腾讯云、阿里云或 AUTODL 等，提供了云服务器服务，通过各种云服务套餐，初学者可以以较低的成本进行学习和项目测试。利用这些服务，新手可以在有限的预算内进行 AI 绘画的初步尝试。一旦模型验证成功，项目开始产生持续收入，再考虑进一步升级硬件。

对于刚开始探索 AI 绘画的新手而言，避免在硬件上进行大额投资，是避免财务风险的关键。这样，他们可以将更多资源用于技术学习、尝试和产品迭代。总之，新手应该尽量通过经济高效的方式入门，不仅可以避免财务风险，还为后续的可能扩展留出了空间。

12.5.2 夸大其词的培训

在 AI 绘画教育市场，我们常见的一个陷阱是那些夸大其词的培训课程。这些课程往往承诺能够迅速赚取高额收入，课程费用也因此水涨船高，价格从几千元到几万元不等。

然而，这些承诺大多不切实际。一些课程的广告，如图 12.15 所展示，向学员保证只需学习他们的课程，就能获得可观的经济收益。课程内容似乎涵盖了丰富的主题，并提供各种额外奖励，甚至包括接单平台和工作机会，还有所谓的收益“保证”，以这种做法吸引学员付费。

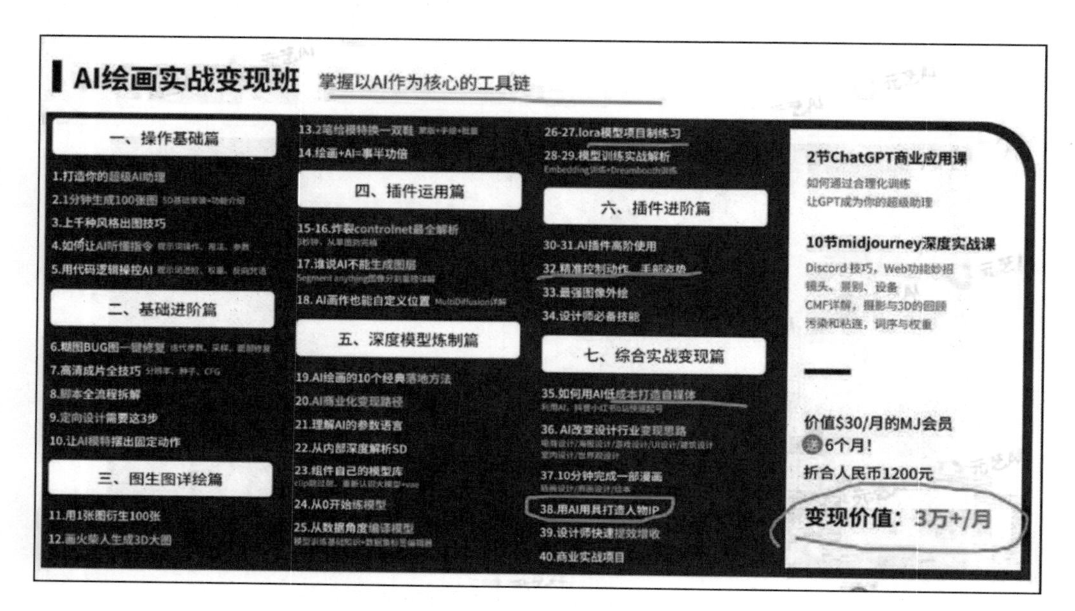

图 12.15　夸大其词的培训

但实际上，当学员付费参加这些课程后，往往发现所学内容与市场上其他课程相差无几。宣传中的接单收益难以实现，平台上的高价任务多为内部人员发布，普通学员难以获得机会。此外，这些任务的要求往往非常苛刻，即便经过多次修改和努力，投入与回报也常常不成比例。而当学员试图维权时，却发现合同中隐藏着各种免责条款，难以挽回损失。

在做出决策前，我们应该提高警惕，对那些“包教包会”或“保证收益”的宣传手法保持怀疑。在现实世界中，绝对的“收益保证”是极少见的。如果培训机构真的像宣传中那样优秀，为什么他们的员工不自己去赚取那些所谓的高额回报呢？

对于那些声称能够快速简单地从零基础实现变现的课程，我们需要保持高度警惕。几乎所有这类课程都是通过不实之词吸引学员，目的是诱导学员支付高昂的培训费。选择课程时，应寻找内容真实、评价良好且透明度高的教育机构或组织。

在充满潜力的 AI 绘画领域，选择正确的学习路径至关重要。合适的教育资源，结合个人的努力和实践，是通往成功的可靠途径。

12.5.3 过度追逐新概念

在 AI 绘画领域，盲目追求新概念和工具是另一个常见的陷阱。

近两年来，AI 绘画技术迅速发展，新工具和功能层出不穷。它们的宣传往往非常吸引人，声称能“颠覆认知”“技术变革”或“取代某些技术”，吸引了众多人的关注。然而，这种对热点工具和概念的追逐往往会使人忽略深入学习和技能积累的重要性。

许多人常常被那些声称能“彻底改变游戏规则”的新技术所吸引，投入了大量的时间和精力去学习尝试，然而最后往往收获甚微。正如图 12.16 所示，这种现象就像是在“追逐泡沫”，总是对那些看似光鲜亮丽的新鲜事物充满期待，但泡沫一旦破裂，我们却发现自己在任何领域都没有获得深刻的理解，更不用说构建自己的竞争优势了。

图 12.16 只追新概念不加积累，如同追逐泡沫

相比之下，对于 AI 绘画爱好者来说，一开始就专注于学习目前广泛使用的工具，如 Midjourney 和 Stable Diffusion，将会更有成效。深入了解并掌握一种工具之后，再去尝试其他工具，不仅能节约学习的时间和成本，还能避免精力过

于分散。这种方法不仅能帮助我们更快地评估新工具是否值得投入，还能避免成为“一知半解”的泛泛之辈。

可能会有读者疑惑，之前不是提倡追逐热点吗？其实，前文提到的“追逐热点”是指选择创作内容时应紧跟时事和热点，以吸引更多关注。这种策略的核心仍然是利用AI创作的能力，与盲目追逐未经深思熟虑的热点不同。在艺术二维码项目中提到的“早期热点”，强调的是在热点成形之前就开始探索和验证市场需求，而不是等到热点已经形成了再行动。

因此，在AI绘画领域想要成功实现长期收益，关键在于建立坚实的技能基础，而不是不断追逐短期的新概念。通过持续的专注和努力，我们才能在这个领域中建立自己的品牌，实现长期的成功。

12.6 本章小结

本章深入探讨了AI绘画如何作为个人副业进行变现的理论基础和实际操作方法。

首先，本章纠正了两个常见的误解。第一个误解是认为AI绘画能够适用于所有场景，事实上，它只在特定场景和领域中发挥最佳效果。第二个误解是追求AI绘画副业期待一夜暴富。

其次，本章介绍了一些已经通过AI绘画成功实现收益的商业模式，为读者提供了实际的参考案例。

然后，本章详细分析了两个项目：微信公众号和艺术二维码。公众号项目更适合长期稳定地积累关注，尽管起初可能进展缓慢。其核心在于利用AI工具提升创作效率（包括文本、图画、视频等），以此吸引平台奖励并促进个人品牌成长。而艺术二维码项目，通过AI绘画工具创作集美观与实用于一体的，隐藏二维码信息的定制图像。其关键是把握信息差，及时捕捉早期热点，并通过社交平台进行推广、转化和变现，以此获得热点的红利。

最后，本章提供了避坑指南，旨在防止读者在了解变现机会后急于求成，从而避免陷入陷阱，减少金钱和时间的损失，确保变现之路更加稳健顺畅。

总之，只要存在市场需求，就会有竞争。AI绘画领域虽然相对于其他传统行业拥有流量和信息差的优势，但我们也应留意市场和竞争对手的动态。通过谨慎试错，及时调整策略，我们可以抓住更多稳定的机会。

延伸阅读

1. Midjourney 官方文档（https://docs.Midjourney.com/docs）

提供 Midjourney 最新的使用指南、参数配置和命令说明。虽然原文档不支持中文，但可以通过浏览器插件轻松翻译阅读。

2. Midjourney 提示词库（MJ Reference-github）

汇集了 Midjourney 常用的提示词和风格，已获得超过 1 万个收藏。当需要探索特定领域、场景或风格时，该资源将非常有用。

3. 公众号：AI 知学社

分享最新的 AI 新闻、信息、报道和技术，是学习和交流 AI 知识的优质平台。

4. 公众号：觉悟之坡

本书作者的个人公众号，定期分享 AIGC 领域的深度知识和实用技巧。

参考文献

[1] LE Q V, RANZATO M, MONGA R, et al. Building high-level features using large scale unsupervised learning[EB/OL]. (2011-12-29)[2023-12-15]. DOI:10.1109/icassp.2013.6639343.

[2] KINGMA D P, WELLING M. Auto-encoding variational bayes[EB/OL]. (2013-12-20)[2023-12-15]. DOI:10.48550/arXiv.1312.6114.

[3] IAN G, JEAN P A, MEHDI M, et al. Generative adversarial networks[J]. Communications of the ACM, 2014, 63(11): 139-144.

[4] SOHL-DICKSTEIN J, WEISS E A, MAHESWARANATHAN N, et al. Deep unsupervised learning using nonequilibrium thermodynamics[EB/OL]. (2015-05-12)[2023-12-15]. DOI:10. 48550/arXiv. 1503.03585.

[5] ELGAMMAL A, LIU B, ELHOSEINY M, et al. CAN: creative adversarial networks, generating "art" by learning about styles and deviating from style norms[EB/OL]. (2017-06-21)[2023-12-15]. DOI: 10. 48550/arXiv. 1706. 07068.

[6] HO J, JAIN A, ABBEEL P. Denoising diffusion probabilistic models[EB/OL]. (2020-06-19)[2023-12-15]. DOI: 10. 48550/arXiv. 2006. 11239.

[7] RADFORD A, KIM J W, HALLACY C, et al. Learning transferable visual models from natural language supervision[EB/OL]. (2021-02-26)[2023-12-15]. DOI: 10. 48550/arXiv. 2103. 00020.

[8] ROMBACH R, BLATTMANN A, LORENZ D, et al. High-resolution image synthesis with latent diffusion models[EB/OL]. (2021-12-20)[2023-12-15]. DOI: 10. 48550/arXiv. 2112. 10752.

[9] Stable Diffusion. We've filed a lawsuit challenging AI image generators for using artists' work without consent, credit, or compensation. Because AI needs to be fair & ethical for everyone [EB/OL]. [2023-12-15]. https://stablediffusionlitigation.com/.

[10] Midjourney. Terms of service[EB/OL]. [2023-12-22]. https://docs.Midjourney.com/docs/terms-of-service.

[11] Github. Deep Insight. Insight Face Swap[EB/OL]. [2023-12-15]. https://github.com/deepinsight/insightface.

[12] 董家朋 . 人工智能生成内容版权该归谁 [N]. 经济日报，2023-08-29(12).

[13] 严选创新设计中心 . AIGC|探索 AIGC 在网易严选中的应用 [EB/OL]. (2023-04-03)[2023-12-15]. https://mp.weixin.qq.com/s/GargWzAGH7QyRanIgZxiCQ.

[14] 网易 CFun 设计中心 . AIGC 落地项目应用解析 [EB/OL]. (2023-04-07)[2023-12-15]. https://www.zcool.com.cn/work/ZNjQ3NTE0MzY=.html.

[15] 国家互联网信息办公室 . 生成式人工智能服务管理暂行办法 [A/OL]. (2023-07-13)[2023-12-15]. https://www.cac.gov.cn/2023-07/13/c_1690898327029107.htm.

[16] 小报童 . AI 绘画一本通（365 个 AI 绘画案例）[EB/OL]. [2023-12-15]. https://xiaobot.net/p/yibentong.

[17] 氪星研究所 . 我用 AI 开的淘宝店成真了，一个月卖了快 200 件 [EB/OL]. (2023-6-15)[2023-12-15]. https://36kr.com/video/2302681290547841.